PILON

Zoom sur la génétique

Hachette Jeunesse
Frédérique de Buron
Directeur

Emmanuelle Massonaud, Camille Thélot, Sandra Berthe
Éditeurs

Rédaction
Hélène Bosset

Infographies
agence WAG

Olivier Charbonnel

Coordination
Luigi Di Girolamo

Secrétariat de rédaction
Samia Mekrami-Ghozlane

Mise en pages
Sarbacane

Un grand merci
à Cécile Durand
à Pierre Tambourin, Hélène Pollard, Patrick Faure,
Jean-François Prud'Homme, Camille Jaunet, Arnaud Molinié

Crédits photos :
p. 7 : INSERM (A. Alberga) ; p. 8 : Boyer-Viollet ; p. 9 (haut) : Boyer-Viollet ; p. 9 (centre) : Institut Pasteur ; p. 9 (bas) : Imapress ; p. 34 : INSERM (Sarramon M. F. DR) ; p. 35 : INSERM ; p. 38 : Vo Trung/Cosmos ; p. 39 : SPL/Cosmos (A. Pasieka).

ISBN : 2.01.291905.7 - 29/28/1905/8-01
Dépôt légal : 7130 - octobre 1999
Imprimé et broché en France par Pollina, 85400 Luçon - n° 78480
Loi n°49-956 du 16 juillet 1949 sur les publications destinées à la jeunesse.

zoom sur la génétique

HACHETTE Jeunesse

genopole®

Sommaire

Nul, à l'époque du moine Gregor Mendel, n'a perçu que l'histoire des petits pois, lisses ou ridés, jaunes ou verts, allait jeter les bases d'une science nouvelle qui risque, aujourd'hui encore, de bouleverser en profondeur nos sociétés.

Depuis la nuit des temps, la main de l'homme, aidée de la nature, a sélectionné les variétés, animales ou végétales, pour se nourrir, se protéger ou travailler. Éleveurs, agriculteurs, chasseurs aussi, furent ainsi des généticiens sans le savoir.

Il fallut plus d'un demi-siècle pour comprendre la mécanique génétique dont les principes universels s'appliquent à la bactérie comme à l'homme. Depuis 30 ans, nous vivons une révolution culturelle permanente avec l'apparition des outils de la biologie moléculaire, puis ceux de la biologie à grande échelle, illustrée en France par la publication des premières cartes du génome humain réalisées au Généthon, le laboratoire de l'AFM. Ces cartes ont formalisé la possibilité que nous avons désormais de pénétrer au cœur des cellules, de l'ADN : d'accéder aux fonctions des gènes responsables de maladies, d'en comprendre leurs mécanismes et de saisir ce qui différencie et caractérise chaque individu de chaque espèce... La biologie n'est plus seulement une science qui décrit la nature et les êtres vivants. Elle en explique les lois et les mécanismes.

Capable de déchiffrer les codes qui contrôlent l'intimité du vivant, de lire une à une les lettres du grand livre de la vie, la science perce peu à peu le mystère des maladies génétiques, du cancer et finalement de la plupart des grandes pathologies qui nous affectent. Ce progrès fulgurant dans nos connaissances ouvre des perspectives extraordinaires, en médecine bien sûr, mais aussi dans de nombreux autres domaines comme l'agriculture, l'environnement, la chimie, l'informatique, les sciences cognitives, etc.

Mais, cela ne va pas sans poser quelques questions essentielles. Pendant très longtemps, l'homme a obéi à la nature pour la comprendre et parfois tenter de la contrôler. Aujourd'hui, sera-t-il porté à la modifier sans la consulter, sans s'interroger sur ses nouvelles responsabilités ? La perspective de gains, la volonté de puissance, supplanteront-elles la nécessaire sagesse qu'il convient de respecter pendant le bref instant où nous empruntons un peu de notre planète pour la léguer ensuite à nos enfants ?

Toute démarche scientifique se propose, au fond, de mieux comprendre le réel, le vrai, d'aboutir par la connaissance à plus de liberté, plus d'égalité entre les hommes, à une élévation de l'esprit qui leur permette de lutter contre les inégalités, la violence sous toutes ses formes. Encore faut-il que la connaissance soit partagée, expliquée et discutée.

C'est pourquoi l'équipe de genopole, tous les partenaires de ce campus implanté en Essonne et promis à devenir l'une des sources du savoir de demain, se sont associés pour aider à la publication de cet ouvrage.

Pierre TAMBOURIN
Directeur général de genopole

ABC

Qu'est-ce que la génétique ?

Au début du siècle, plusieurs biologistes redécouvrent la transmission de l'hérédité (lois de Mendel). Une nouvelle science est née : la génétique.

La génétique, étude scientifique de l'hérédité, est une discipline récente de la biologie. En effet, si la notion d'un passage d'informations héréditaires remonte au XVIIe siècle, la mise en évidence de l'**ADN*** comme vecteur de l'hérédité ne date que de 1943 et sa structure ne fut découverte qu'en 1953. Cette période marque le début de l'ère de la biologie moléculaire, mais le vrai démarrage se situe à partir des années 1970. La mise au point des méthodes de **génie génétique** va permettre un développement formidable des connaissances sur les **gènes**, leur fonctionnement et leur régulation. En quelques années, ces techniques atteignent un degré de sophistication suffisant pour autoriser l'étude globale du **génome** de l'homme.

Cette science connaît à l'heure actuelle de nombreuses applications porteuses d'espoirs thérapeutiques ou économiques, mais dont certaines posent de graves problèmes éthiques :

– le diagnostic **génétique**, qui permet de détecter des anomalies

Le saviez-vous ?

La génétique est l'étude de la transmission des caractères héréditaires chez les êtres vivants : le bébé chez qui l'on découvre la forme des yeux ou de la bouche d'un parent, par exemple ; mais aussi, plus dramatiquement, l'individu dont on redoute qu'il ne développe une maladie parce que, dans sa famille, il existe « un terrain à risque », ou dont on sait qu'il présente une forte probabilité de pathologie étant donné que ses parents sont porteurs de gènes spécifiques mutés.

La génétique permet également de comprendre l'évolution entre notre ancêtre qui vivait dans les cavernes et nous. Des dizaines de mutations se sont accumulées sur ce génome préhistorique. Certaines furent fatales aux individus qui les portaient ; d'autres ont fait souche parce qu'elles procuraient un avantage héréditaire.

graves chez un fœtus à un stade précoce de la grossesse, ou des facteurs de prédisposition vis à vis de certaines maladies ;

– la thérapie **génique**, dont on espère tirer des solutions pour le traitement de certaines maladies ;

– les organismes génétiquement modifiés (végétaux, micro-organismes, animaux), qu'ils concernent la production de médicaments ou l'agronomie ;

– le clonage, qui a suscité des remous. En effet, il consiste en la reproduction d'un tissu ou d'un animal entier à partir d'une cellule prélevée chez un autre être vivant ;

– enfin, les empreintes génétiques utilisées en criminologie ou pour des recherches de parenté, mais également pour détecter des fraudes (par exemple, pour tester la nature d'un cuir…).

* Les mots en gras renvoient au glossaire (pp. 44-45).

Mouche drosophile sauvage. Ses yeux sont rouge vif, ses ailes droites et ses poils longs.

Des modèles

Disposer de bons modèles fut un atout déterminant pour étudier la transmission des caractères héréditaires. Un bon modèle doit se reproduire vite et présenter des caractères que l'on peut étudier facilement. Grégor Mendel a utilisé plus de vingt variétés différentes de petits pois pour effectuer ses recherches. Ces légumes sont en effet très faciles à croiser. C'est en croisant des petits pois jaunes ou verts, lisses ou ridés, qu'il a compris l'existence des allèles dominants et récessifs.

La drosophile, ou « mouche des fruits », ou « mouche du vinaigre », connut aussi les faveurs de la science. C'est grâce à elle que l'on comprit que la détermination du sexe était due à une paire de chromosomes différente chez le mâle (XY) et chez la femelle (XX). Thomas Morgan compara des mouches « sauvages », c'est-à-dire « naturelles » à yeux rouges, à des mouches mutantes à yeux blancs. C'est en suivant la transmission de différentes mutations (longueurs des ailes, couleurs des yeux ou du corps, etc.) chez les descendants, qu'il comprit que les gènes se succèdent sur les chromosomes selon un ordre précis et qu'il établit les premières cartes génétiques.

Les conséquences et les applications de la génétique sont multiples, et les chercheurs sont loin de les avoir toutes exploitées. Beaucoup, en soulevant de graves interrogations, révolutionnent notre société et notre mode de pensée.

Brève histoire

La génétique telle que nous la concevons date du début du siècle. Sa naissance correspond à une redécouverte des travaux de Mendel, suivie de l'élaboration de la théorie chromosomique de l'hérédité. La découverte de l'ADN comme support biochimique de l'information génétique, puis l'élucidation de sa structure en 1953 permettent l'explosion d'une nouvelle discipline : la biologie moléculaire.

Des hommes…

René Antoine de Réaumur
(1683-1757)
Il découvrit en 1751 que la présence du sixième doigt chez l'homme (polydactylie) est sous contrôle d'un **caractère dominant**. ▼

Johann Gregor Mendel
(1822-1884)
Il a jeté les bases de la génétique

▲

moderne. Il comprit qu'un même caractère génétique peut se trouver sous différentes versions (**allèles**) les unes **dominantes**, les autres **récessives**, et en déduisit la notion d'**homozygotie** et d'**hétérozygotie**.

Hugo de Vries
(1848-1935) ▶
Redécouvreur des travaux de Mendel, il comprit que les caractères héréditaires sont portés par un support matériel, auquel on peut maintenant donner le nom d'ADN. Il jeta les bases de la théorie des **mutations** comme facteur d'évolution des individus et des espèces.

Des dates et des Prix Nobel…

1869
Découverte de l'ADN par **Friederich Miescher** (1844-1895). Il faudra attendre quatre-vingts ans avant que l'on comprenne que cet ADN est le matériel génétique.

de la génétique

1880

Découverte des chromosomes par différents chercheurs.

Thomas Hunt Morgan
(1866-1945, Prix Nobel en 1933)
Ses travaux ont montré que les chromosomes sont les porteurs des « unités héréditaires », c'est-à-dire des gènes. Ils aboutirent à l'établissement des premières cartes chromosomiques permettant de connaître l'ordre dans lequel se succèdent les gènes sur un chromosome.

Oswald Theodore Avery
(1877-1955)
Il montre en 1943 que l'ADN est bien le matériel génétique. Ses travaux suscitèrent la réticence du monde scientifique.

1962
Prix Nobel de médecine pour **James Watson** (né en 1928) et **Francis Crick** (né en 1916), qui avaient proposé le modèle de la double hélice d'ADN en 1953 (avec Maurice Wilkins).

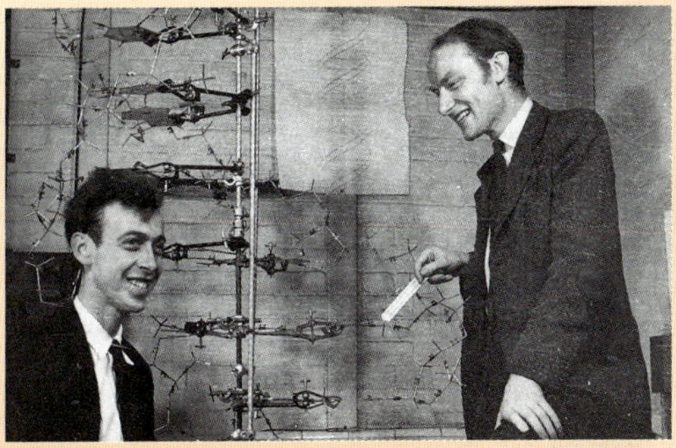

1965
Prix Nobel de médecine pour **Jacques Monod** (1910-1976), **François Jacob** (né en 1920), **André Lwoff** (1902-1994) en récompense de leurs travaux sur les gènes. Ils élucident les mécanismes de la régulation génétique et démontrent la réalité de l'**ARN messager**.

Années 1970
Deux découvertes techniques majeures vont accélérer les recherches : la mise au point du génie génétique par le clonage des gènes dans des bactéries et le **séquençage** de l'ADN, c'est-à-dire l'identification de ses bases les unes derrière les autres.

Années 1980
On découvre que seule une faible partie (10 %) de l'ADN des animaux et des végétaux sert effectivement à la synthèse des protéines. Le reste, soit 90 %, est constitué d'ADN non-codant.

Années 1990
Réalisation des premières cartes du génome humain, carte génétique par Jean Weissenbach (né en 1949), carte physique par Daniel Cohen (né en 1953), carte des fragments de gènes par Charles Auffray (né en 1951) au Généthon (laboratoire créé par l'AFM et le CEPH grâce aux dons du Téléthon). Lancement officiel de plusieurs programmes de séquençages du génome humain (États-Unis, France...). L'objectif de ces programmes est de réaliser l'inventaire des gènes et de déterminer leur localisation sur l'ADN vers 2001.

La cellule est l'unité de structure et de fonction de tous les êtres vivants. Mais qu'ont en commun des cellules humaines, celles d'une tulipe, d'une grenouille, d'une étoile de mer, d'une levure ? Sous la diversité du vivant, se cache l'unité de certains mécanismes fondamentaux : multiplication, croissance, reproduction, mort.

Au cœur du vivant

Une cellule est entourée par une membrane plasmique et contient un cytoplasme où baignent des organites et un noyau.

Pour un même individu, toutes les cellules ont un patrimoine génétique quasiment identique. La cellule représente une entité biologique autonome qui vit, se reproduit et meurt. Chaque cellule est entourée et protégée par une membrane plasmique qui régule ses échanges avec le milieu extérieur. De même, chaque cellule possède au sein de son cytoplasme différents organites et un noyau qui contient l'ensemble du patrimoine génétique (ou **génome**) de l'organisme. Si l'homme est incontestablement l'un des êtres vivants les plus complexes, son génome n'est pourtant pas le plus vaste, loin de là ! Ainsi celui du triton est quinze fois plus grand et celui du lilas trente fois.

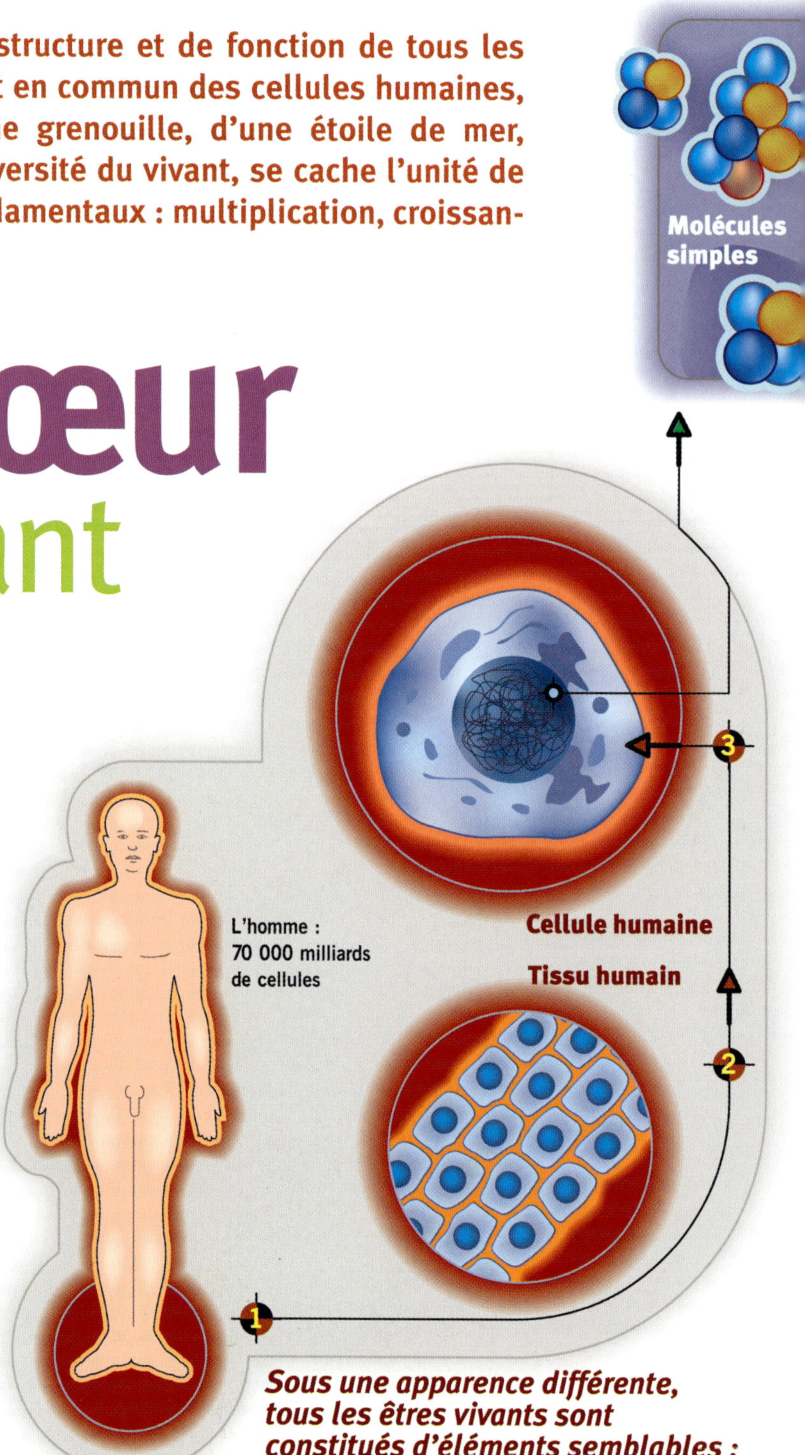

Sous une apparence différente, tous les êtres vivants sont constitués d'éléments semblables : les cellules

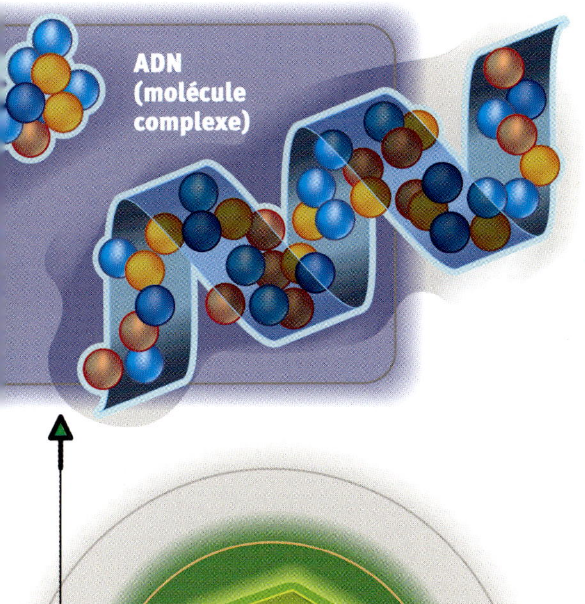

Le saviez-vous ?

La cellule végétale : une cellule bien particulière

La cellule végétale se distingue de la cellule animale par l'existence d'une paroi très épaisse qui entoure et protège sa membrane plasmique, et qui donne à l'ensemble sa rigidité. On trouve dans le cytoplasme de la cellule végétale des **organites** spécifiques appelés les chloroplastes. Les chloroplastes contiennent de la chlorophylle ainsi que les enzymes nécessaires à la photosynthèse (transformation chimique du gaz carbonique en oxygène).

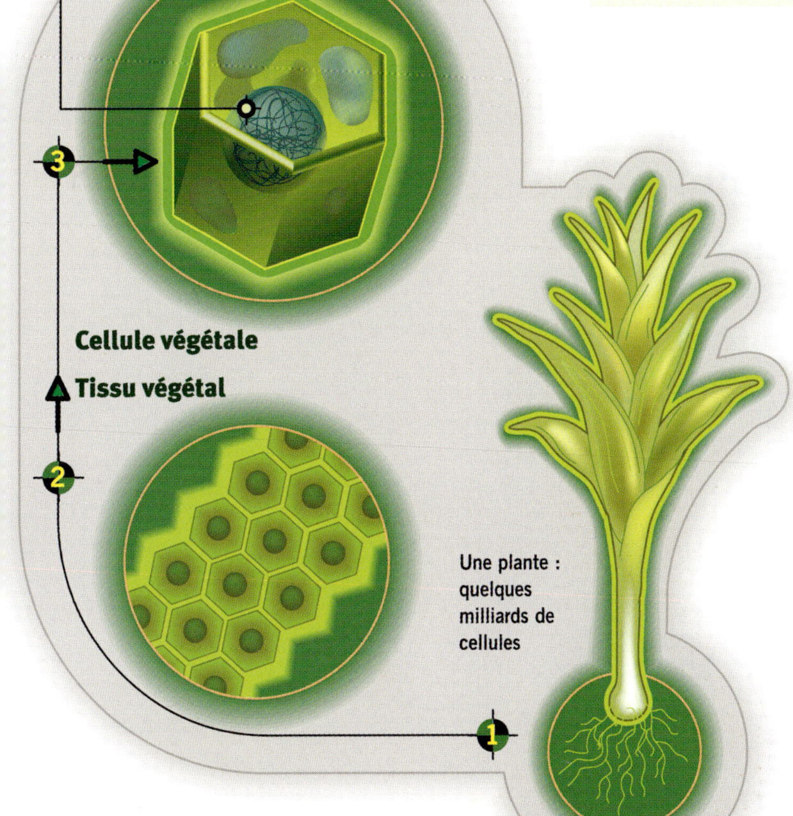

Les bactéries : un système génétique différent

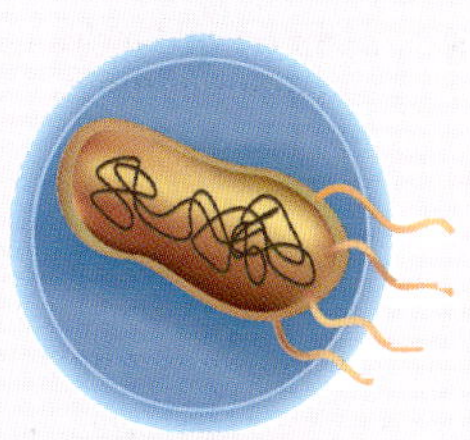

Bien que le code génétique soit universel, la vie peut être classée selon deux grands systèmes génétiques : les bactéries et tout le reste des êtres vivants, dont l'homme. Les bactéries ne possèdent pas de noyau, et sont donc appelées des **procaryotes,** au contraire des végétaux et des animaux (**eucaryotes**).
Autre différence importante : les bactéries ne possèdent qu'un chromosome circulaire alors que l'homme en possèdent 23 paires.

Du corps humain
aux organes et aux cellules

Le corps humain est constitué d'environ 70 000 milliards de cellules qui sont réunies en tissus. Au sein d'un même tissu, toutes les cellules remplissent la même fonction. Divers tissus peuvent s'associer pour former un organe. Plusieurs organes peuvent contribuer à une même grande fonction physiologique.

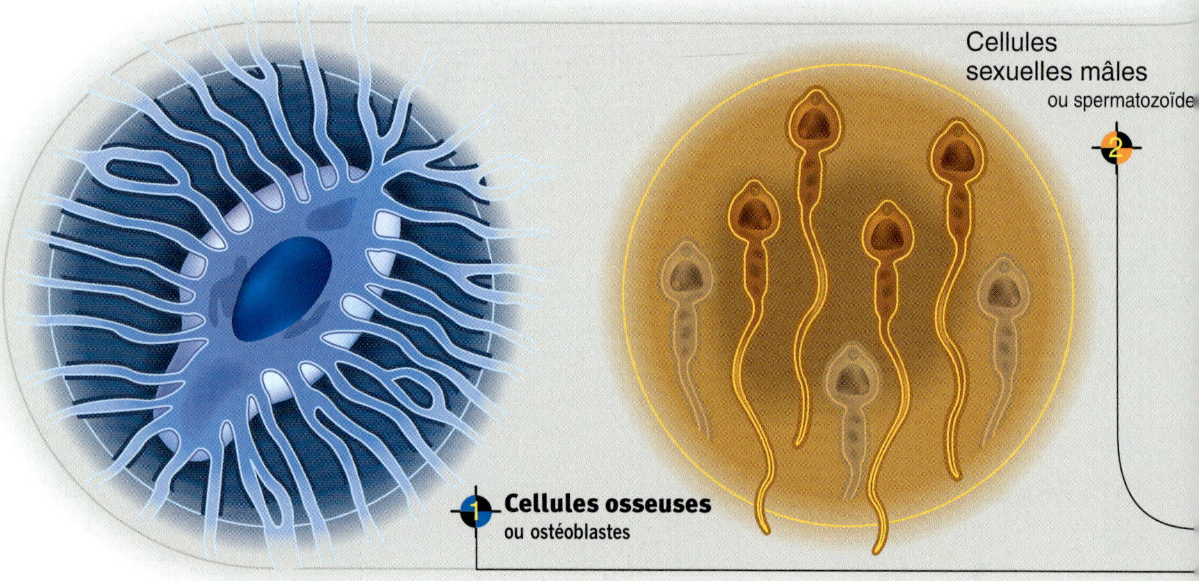

Le corps humain est organisé en appareils ou systèmes qui assurent les grandes fonctions physiologiques. Environ 200 types de cellules sont regroupés dans les différents tissus (épithélial, conjonctif, nerveux, musculaire…).

Le tissu épithélial recouvre les surfaces libres et les cavités du corps, comme l'épiderme. Le tissu conjonctif sert principalement à protéger les organes, à les soutenir et à les nourrir. Les tissus osseux, musculaires et cartilagineux dérivent du tissu conjonctif. Le tissu nerveux constitue le cerveau, la moelle épinière et les nerfs. Enfin, le tissu lymphatique est à la base du système lymphatique. Certains organes, tels que le foie, le pancréas ou l'estomac, sont constitués de plusieurs tissus. On parle d'appareil lorsque plusieurs organes contribuent à une même fonction physiologique. Ainsi, l'appareil digestif regroupe divers organes dont l'estomac, l'intestin grêle, le colon, mais également le foie et le pancréas.

De même l'appareil locomoteur est formé de l'ensemble os – muscle – articulation. Le corps humain comporte plus de 200 os et plus de 600 muscles.

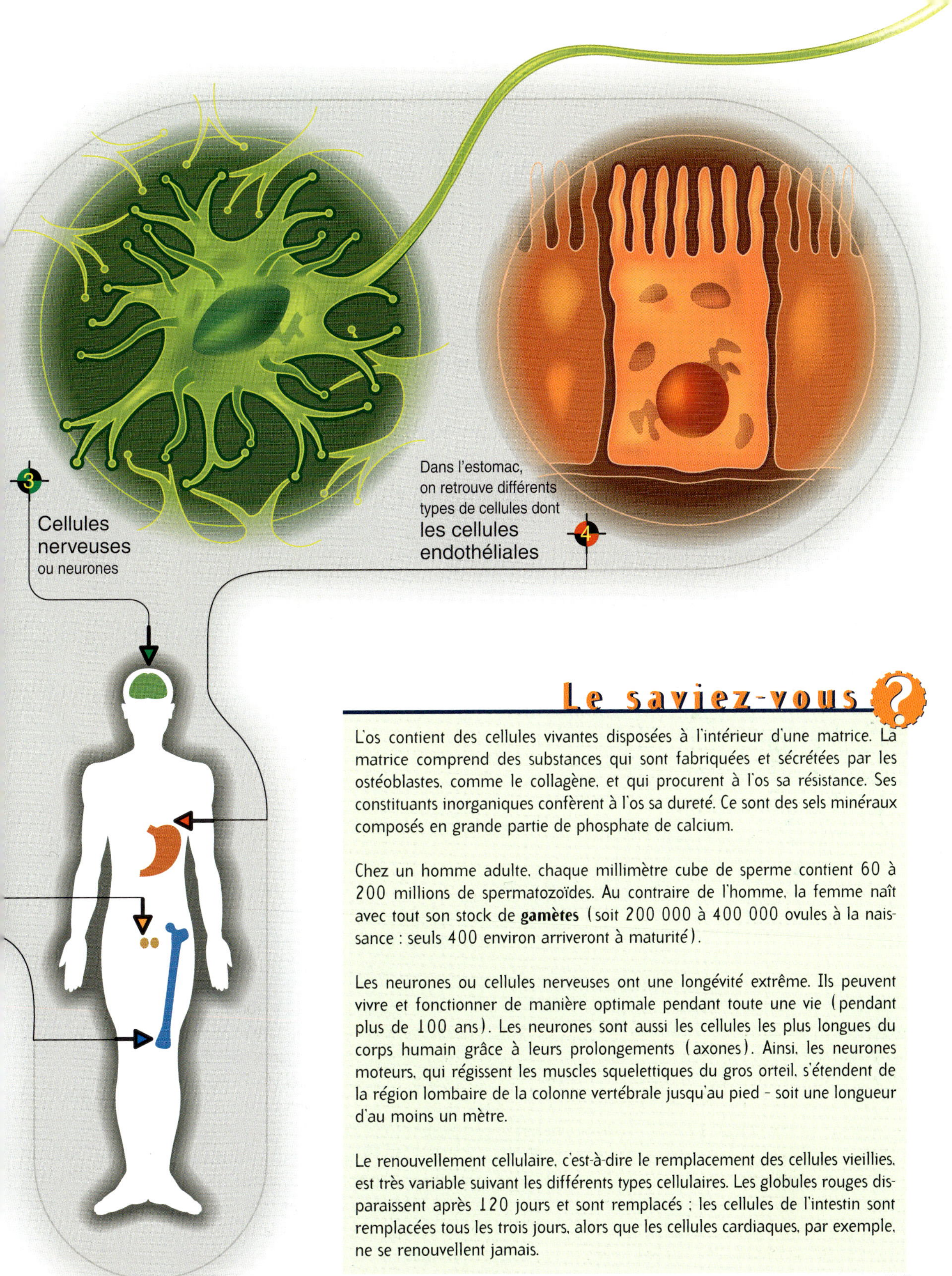

Le saviez-vous ?

L'os contient des cellules vivantes disposées à l'intérieur d'une matrice. La matrice comprend des substances qui sont fabriquées et sécrétées par les ostéoblastes, comme le collagène, et qui procurent à l'os sa résistance. Ses constituants inorganiques confèrent à l'os sa dureté. Ce sont des sels minéraux composés en grande partie de phosphate de calcium.

Chez un homme adulte, chaque millimètre cube de sperme contient 60 à 200 millions de spermatozoïdes. Au contraire de l'homme, la femme naît avec tout son stock de **gamètes** (soit 200 000 à 400 000 ovules à la naissance : seuls 400 environ arriveront à maturité).

Les neurones ou cellules nerveuses ont une longévité extrême. Ils peuvent vivre et fonctionner de manière optimale pendant toute une vie (pendant plus de 100 ans). Les neurones sont aussi les cellules les plus longues du corps humain grâce à leurs prolongements (axones). Ainsi, les neurones moteurs, qui régissent les muscles squelettiques du gros orteil, s'étendent de la région lombaire de la colonne vertébrale jusqu'au pied - soit une longueur d'au moins un mètre.

Le renouvellement cellulaire, c'est-à-dire le remplacement des cellules vieillies, est très variable suivant les différents types cellulaires. Les globules rouges disparaissent après 120 jours et sont remplacés ; les cellules de l'intestin sont remplacées tous les trois jours, alors que les cellules cardiaques, par exemple, ne se renouvellent jamais.

La cellule : machinerie génétique

Sous le contrôle du noyau, des organites (mitochondries, ribosomes, réticulum endoplasmique...) assurent le fonctionnement cellulaire. L'activité cellulaire est spécifique du type cellulaire. En effet, si toutes les cellules renferment dans leur noyau le même programme génétique, chacune n'exprime que la partie du programme spécifique au tissu auquel elle appartient.

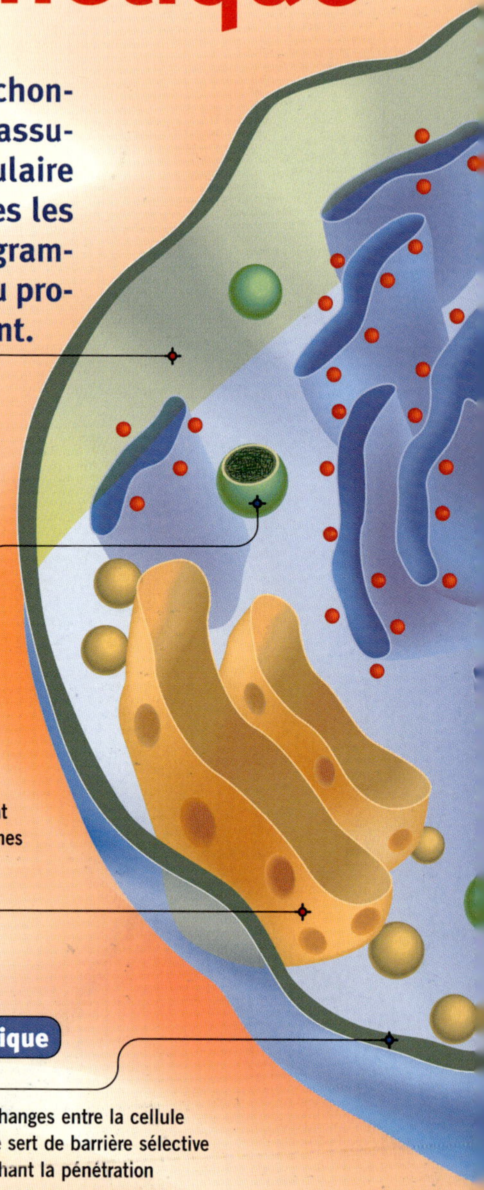

Cytoplasme

C'est un compartiment cellulaire (hyaloplasme) constitué de 60 % d'eau, de 20 % de protéines, le reste étant du glycogène, des lipides, des ions, des molécules simples (comme des sucres, des acides gras) et l'ARN (acide ribonucléique).

Lysosomes

Ce sont de petits sacs qui concentrent les substances à détruire et les enzymes nécessaires à cette destruction.

Appareil de Golgi

C'est un système de sacs aplatis, empilés les uns sur les autres, dans lesquels s'achève la préparation des protéines synthétisées dans la cellule en vue de leur exportation.

Membrane plasmique

Elle constitue un lieu d'échanges entre la cellule et son environnement. Elle sert de barrière sélective en favorisant ou en empêchant la pénétration de différentes substances.

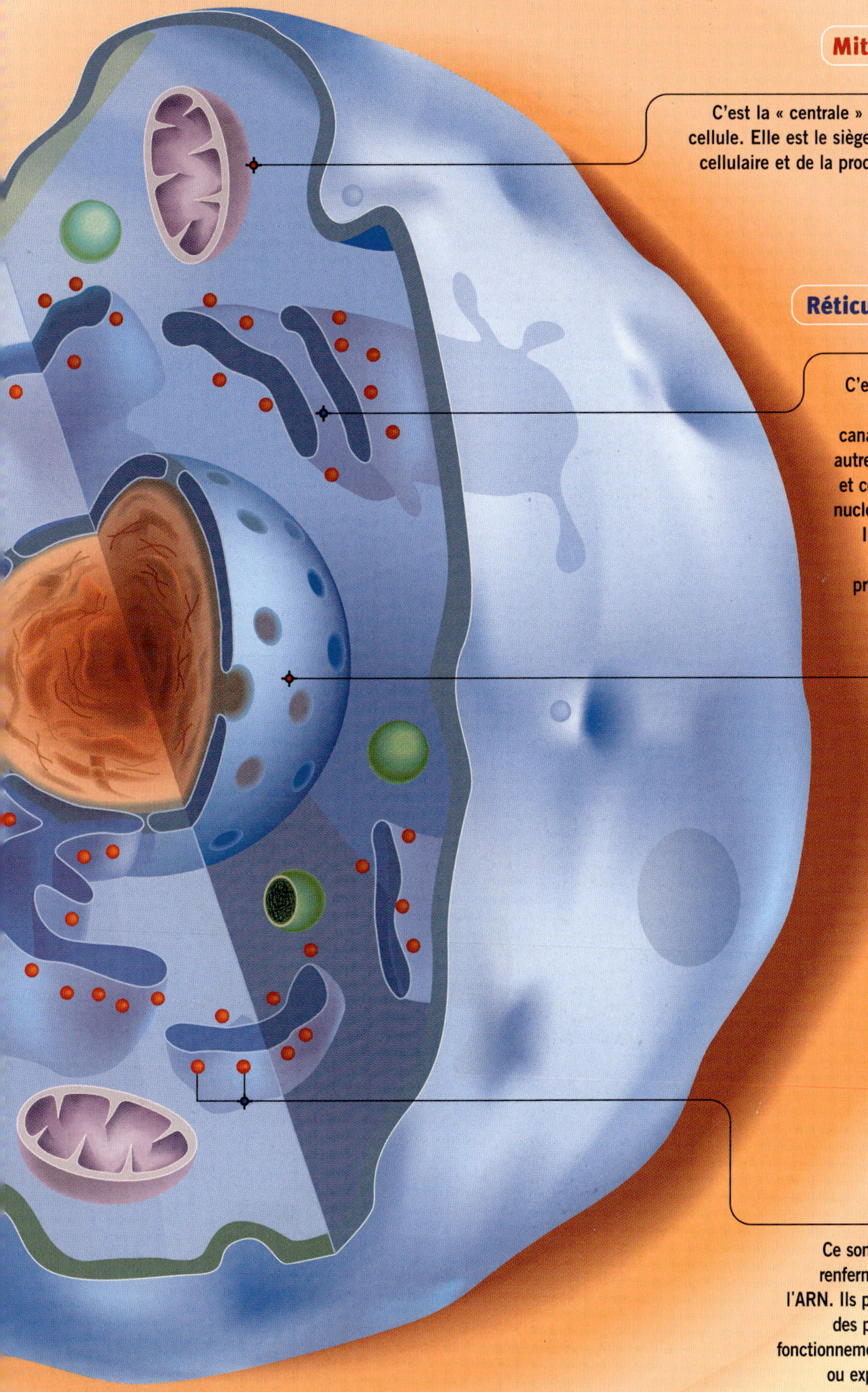

Mitochondrie

C'est la « centrale » énergétique de la cellule. Elle est le siège de la respiration cellulaire et de la production d'énergie.

Réticulum endoplasmique

C'est un repliement de membranes qui forme un réseau de petits canaux multiples, reliés les uns aux autres, qui parcourent le cytoplasme et communiquent avec la membrane nucléaire et la membrane plasmique. Il peut porter sur sa face externe des granules (les ribosomes) et prendre alors le nom de réticulum endoplasmique granulaire.

Noyau

C'est le « cerveau » de la cellule. Il commande son fonctionnement grâce à un programme, sous forme d'un long filament replié sur lui-même : l'ADN (acide désoxyribonucléique).

Ribosomes

Ce sont de petits granules qui renferment essentiellement de l'ARN. Ils participent à la synthèse des protéines nécessaires au fonctionnement interne de la cellule ou exportées hors de celle-ci.

Le noyau

Niché au cœur de la cellule, le noyau est le centre de contrôle de la cellule. Il renferme et transmet l'information génétique et donne les instructions nécessaires pour la synthèse des protéines.

Le noyau contient la plus grande part de l'information génétique et contrôle le métabolisme de la cellule. La nature des substances produites dans le cytoplasme en dépend. La plupart des cellules possèdent un seul noyau, mais certaines sont polynucléées (elles en possèdent plusieurs) – comme certaines cellules des **muscles striés**. D'autres sont anucléées (elles en sont dépourvues), comme les globules rouges chez l'homme. Le noyau est constitué de trois structures distinctes : la membrane nucléaire, les nucléoles et la chromatine.

La chromatine est le constituant principal du noyau. Elle est composée d'ADN enroulé autour de protéines (les histones). Au cours de la division cellulaire, la chromatine s'organise en bâtonnets visibles : les chromosomes. Déroulé, l'ADN des chromosomes d'une cellule humaine serait long de 1 m.

Le nombre de chromosomes est constant pour chaque espèce animale, ce qui explique que les croisements interespèces soient très difficiles à réaliser ou qu'ils donnent naissance à des individus stériles. On trouve 46 chromosomes chez l'homme, 48 chez le gorille ou la pomme de terre, 14 chez le pois.

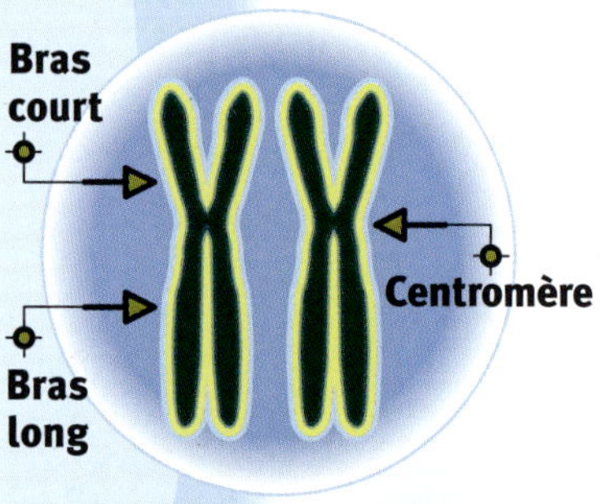

Chromosomes

Au cours de la division cellulaire, la chromatine s'organise en bâtonnets visibles : les chromosomes. Ils représentent l'état le plus condensé de la chromatine. C'est l'observation de l'ensemble des chromosomes qui a permis d'établir un classement appelé un caryotype : les chromosomes y sont rangés par paire et par ordre de taille décroissante, selon une numérotation internationale.

Caryotype humain

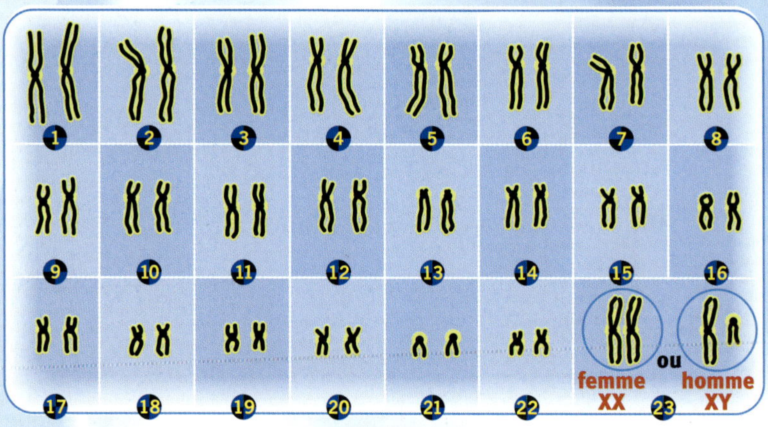

Nucléoles

Ce sont des corps sphériques non limités par une membrane, composés d'ARN (acide ribonucléique) ribosomal et de protéines. Ce sont les usines de fabrication des sous-unités ribosomales, qui s'uniront ensuite pour former les ribosomes. Une cellule possède en général un nucléole, mais elle peut en avoir plus.

Cytoplasme

Nucléoplasme

Appelé aussi sac nucléaire, c'est une substance homogène dans laquelle baignent le nucléole et les amas de chromatine.

Chromatine

La chromatine est le constituant principal du noyau. Elle est composée d'acide désoxyribonucléique (ADN) enroulé autour de protéines (les histones).

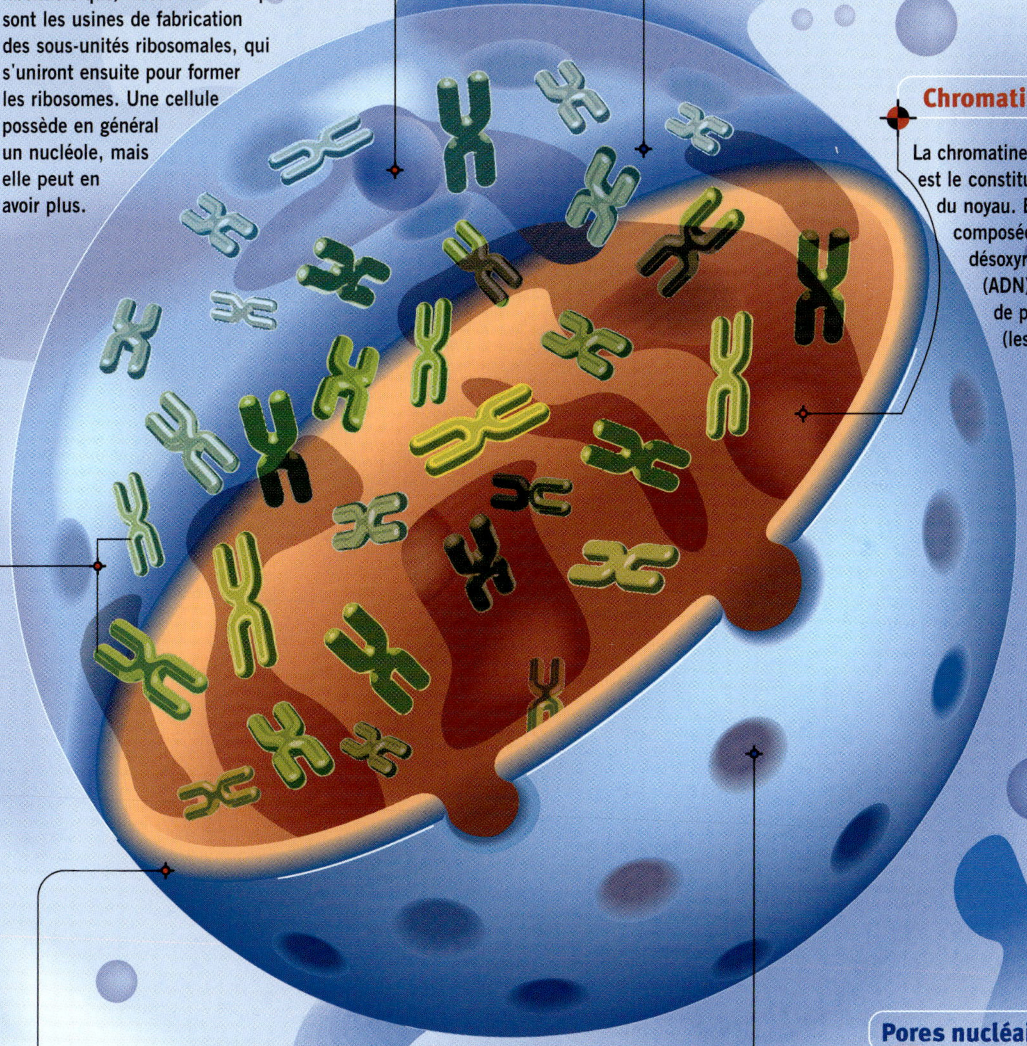

Membrane nucléaire

C'est une structure formée d'une double membrane percée de pores. Sa membrane externe se prolonge par le réticulum endoplasmique. Elle contrôle l'entrée et la sortie des substances diverses du noyau vers le cytoplasme, et réciproquement.

Pores nucléaires

Ils permettent les échanges entre le cytoplasme et le noyau.

Au cœur de chacune de nos cellules, dans le noyau, se trouve l'ADN. C'est une molécule en double hélice, très longue, le long de laquelle quatre composants chimiques, les bases (nommées A, T, C, G) se succèdent en une séquence. Une succession précise de ces bases constitue un gène.

De l'ADN aux gènes

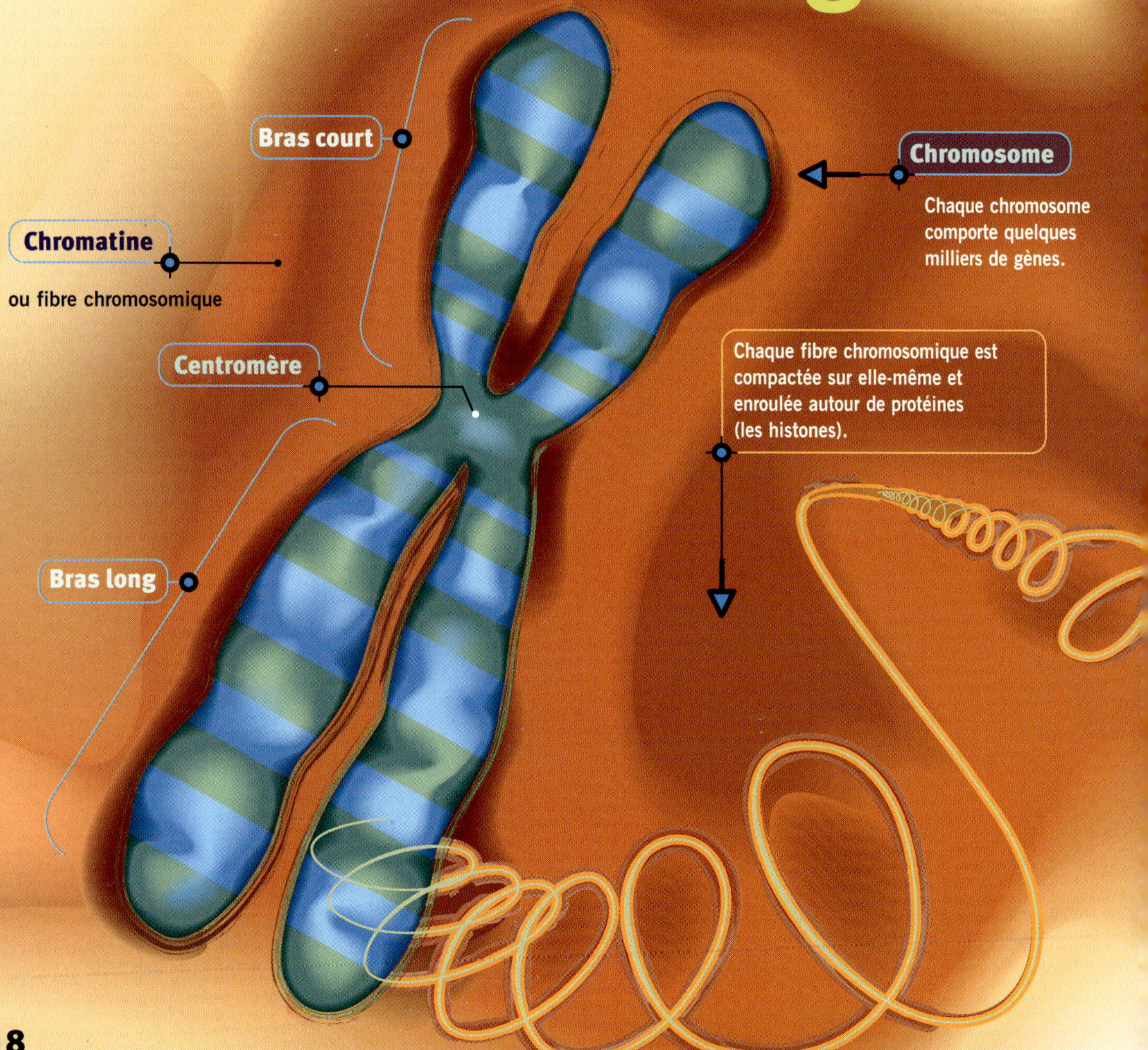

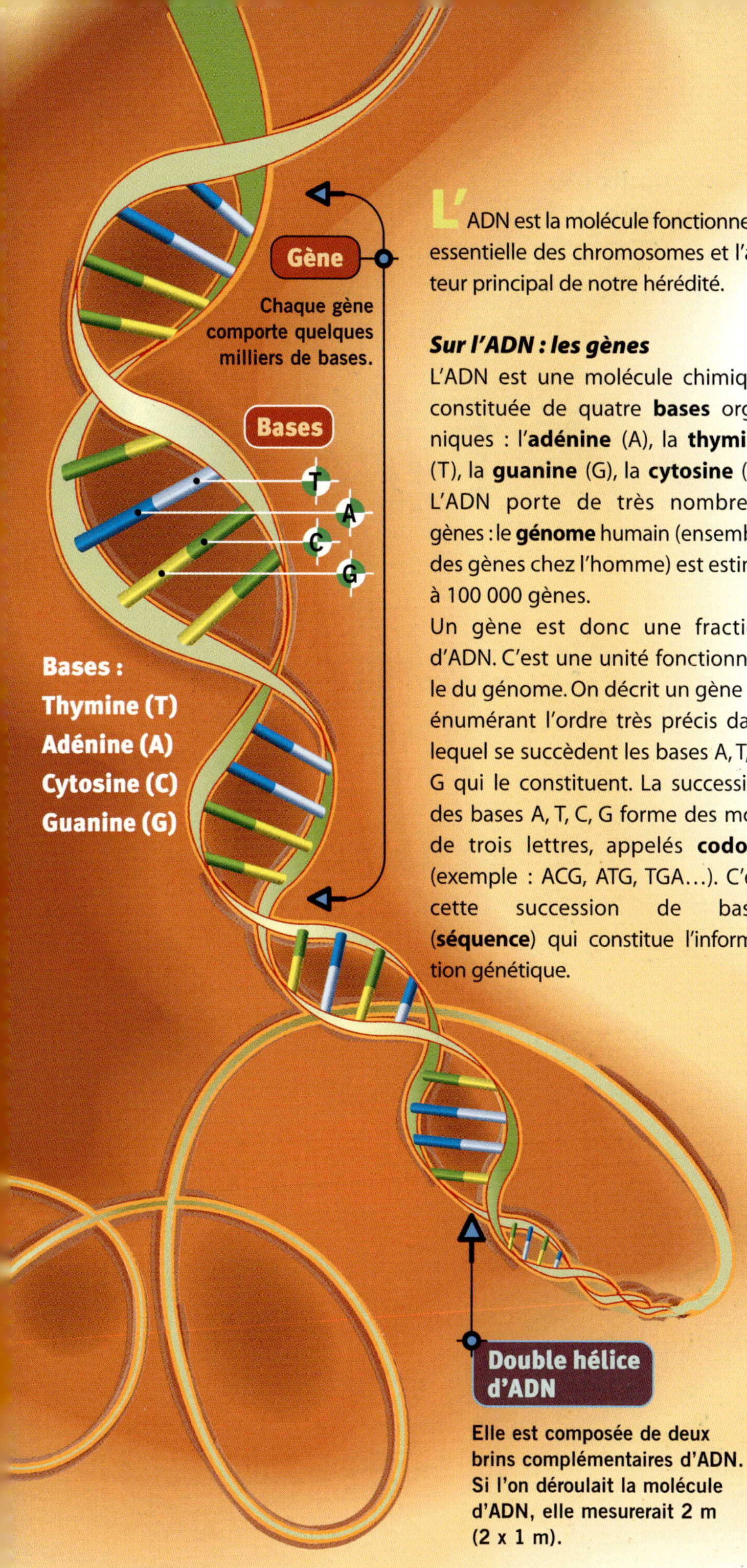

L'ADN est la molécule fonctionnelle essentielle des chromosomes et l'acteur principal de notre hérédité.

Sur l'ADN : les gènes

L'ADN est une molécule chimique constituée de quatre **bases** organiques : l'**adénine** (A), la **thymine** (T), la **guanine** (G), la **cytosine** (C). L'ADN porte de très nombreux gènes : le **génome** humain (ensemble des gènes chez l'homme) est estimé à 100 000 gènes.

Un gène est donc une fraction d'ADN. C'est une unité fonctionnelle du génome. On décrit un gène en énumérant l'ordre très précis dans lequel se succèdent les bases A, T, C, G qui le constituent. La succession des bases A, T, C, G forme des mots de trois lettres, appelés **codons** (exemple : ACG, ATG, TGA...). C'est cette succession de bases (**séquence**) qui constitue l'information génétique.

Structure de l'ADN

La molécule d'ADN est un ensemble de deux chaînes complémentaires enroulées en double hélice. Ces deux chaînes sont maintenues dans cette configuration grâce aux liaisons chimiques qui existent entre les différentes bases. Celles-ci se font face sur les deux brins de la molécule d'ADN et forment comme les barreaux d'une échelle.

Réplication de l'ADN

Comment passe-t-on d'une cellule fécondée à un individu constitué de plusieurs milliards de cellules, possédant le même patrimoine génétique ? Grâce à la capacité de l'ADN à se répliquer. À partir d'un brin qu'il recopie, il constitue un brin homologue auquel il peut s'apparier. Au terme de cette réplication, on obtient deux molécules d'ADN.

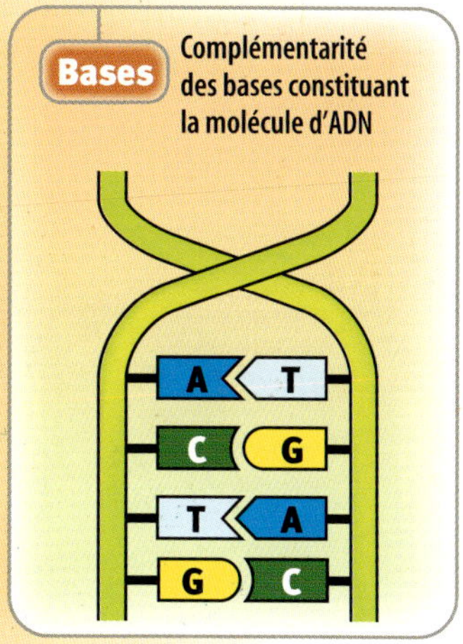

Complémentarité des bases constituant la molécule d'ADN

ABC

Un gène (fraction d'ADN) contient l'information commandant la fabrication d'une protéine. L'ADN assure la synthèse protéique par la formation d'un intermédiaire : l'ARN messager.

La synthèse des protéines

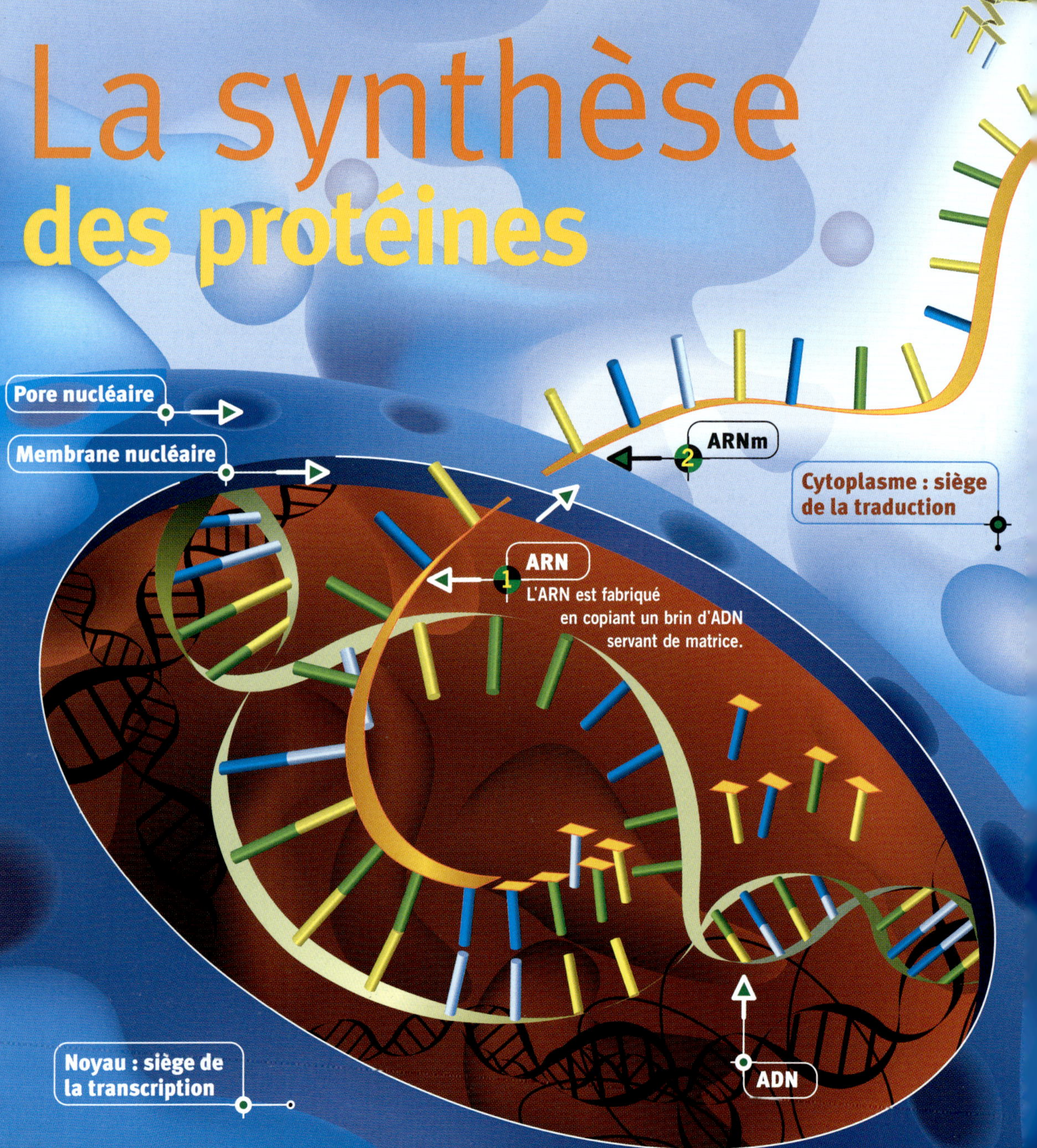

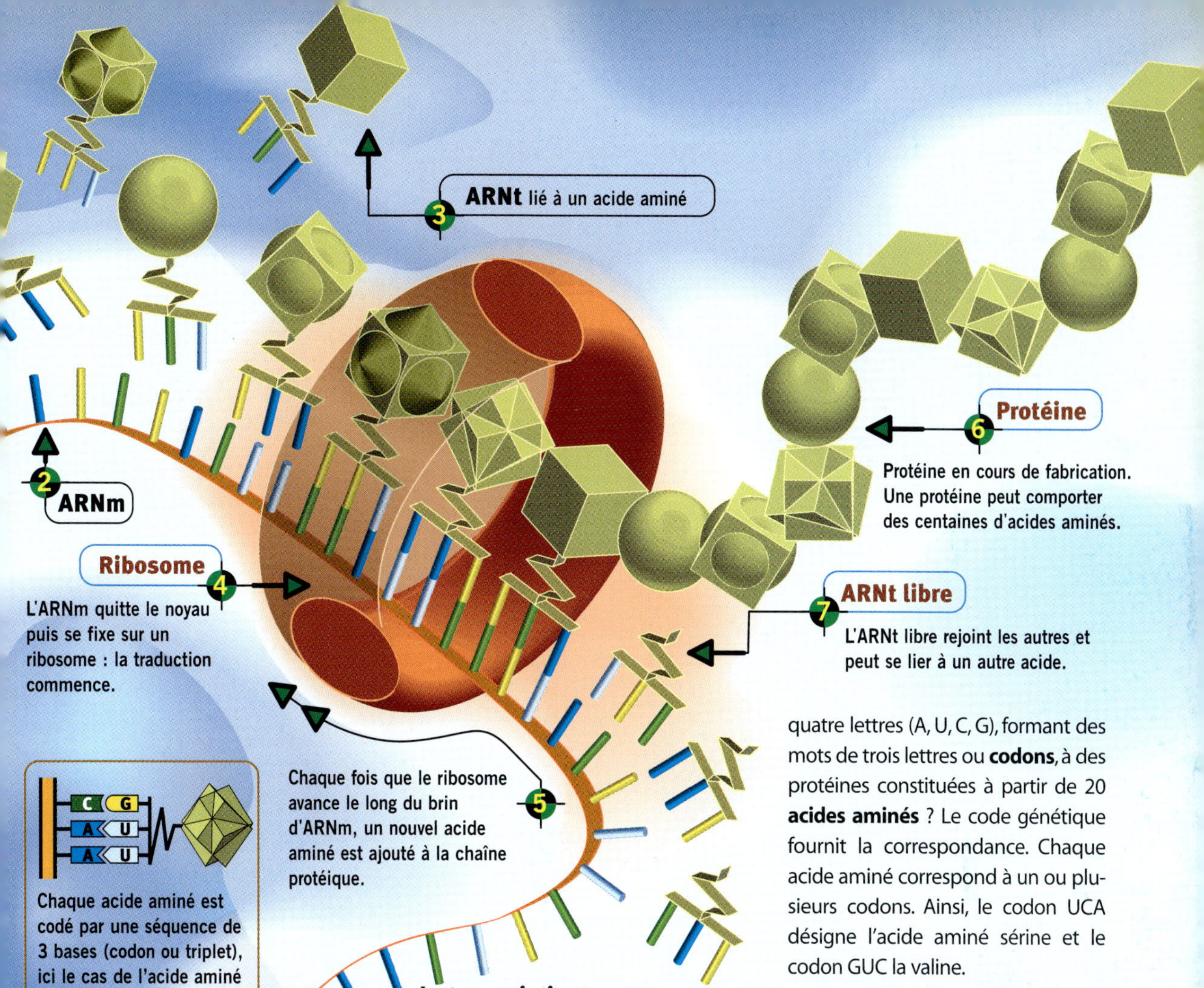

Chaque acide aminé est codé par une séquence de 3 bases (codon ou triplet), ici le cas de l'acide aminé « valine ».

La transcription

Comment transférer l'information inscrite sur l'ADN, qui ne peut pas quitter le noyau, au cytoplasme, lieu de la synthèse des **protéines** ? Grâce à une molécule navette : l'**ARN messager** (ARNm). Au niveau du noyau, l'ADN va se transcrire en **ARN**. Il existe une grande différence entre la réplication de l'ADN et sa transcription en ARN : lors de la transcription, la **base** thymine (T) est remplacée par la base uracile (U). Ainsi, au niveau de l'ARNm, à la base (A) correspond cette fois la base (U), mais à la base guanine (G) correspond toujours la base cytosine (C).

Le code génétique

Comment passer d'un alphabet de quatre lettres (A, U, C, G), formant des mots de trois lettres ou **codons**, à des protéines constituées à partir de 20 **acides aminés** ? Le code génétique fournit la correspondance. Chaque acide aminé correspond à un ou plusieurs codons. Ainsi, le codon UCA désigne l'acide aminé sérine et le codon GUC la valine.

La traduction

L'ARNm, une fois dans le cytoplasme, se lie à un ribosome qui permet la réunion des éléments nécessaires à la synthèse des protéines. Les **ARN de transfert** (ARNt) sont de petits brins d'ARN dont l'une des extrémités porte un anticodon. Chaque **anticodon** des ARNt correspond à un codon de l'ARNm. Les ARNt récupèrent dans le cytoplasme les acides aminés spécifiques de leur anticodon et les délivrent au niveau de l'ARNm : ce sont des « trieuses ». L'ARNm sélectionne les acides aminés correspondant à la séquence de codons pour les positionner les uns derrière les autres dans le bon ordre.

ABC

Les protéines alimentaires

Les protéines sont, après l'eau, l'élément le plus important de notre organisme. Elles constituent une part importante de nos cellules. Grâce aux protéines fournies par l'alimentation, l'organisme humain dispose de deux éléments indispensables à sa survie : des matériaux de construction et de l'énergie chimique.

Les protéines alimentaires

Le corps humain est constitué de 70 000 milliards de cellules, mais ces cellules meurent, plus ou moins rapidement selon les organes, et doivent être remplacées. L'organisme humain doit donc produire un nombre considérable de cellules pour assurer son développement et se maintenir en vie. De plus, certaines cellules fabriquent des **enzymes**, des **hormones**, diverses sécrétions, souvent de nature protéique.

Quel est leur rôle ?

Les protéines alimentaires sont en théorie aussi énergétiques que les sucres (c'est-à-dire deux fois moins que les lipides). Elles sont constituées de longues chaînes d'**acides aminés**. Lorsque nous mangeons des protéines sous forme de steak ou de lait, ou même de lentilles, c'est afin de récupérer les acides aminés qui les composent. Nos cellules vont utiliser ces acides aminés, qui sont comparables aux briques d'un mur, pour reconstruire nos propres protéines.

Le saviez-vous ?

L'organisme humain a besoin de 20 acides aminés pour fabriquer ses propres protéines. Huit de ces acides aminés sont essentiels car nous ne pouvons pas les produire à partir d'autres acides aminés, contrairement aux douze autres. Ils doivent donc impérativement se trouver dans nos repas, faute de quoi nous souffririons de carences qui peuvent provoquer de graves maladies, voire la mort. Les protéines d'origine animale (lait, œufs, viande, poisson) sont celles qui nous permettent le mieux et le plus facilement de trouver tous nos acides aminés. En effet, les céréales (blé, riz...) sont généralement trop pauvres en lysine et les légumineuses (haricots secs, lentilles...) en méthionine, deux acides aminés essentiels.

Tous les peuples dont les ressources en protéines animales étaient insuffisantes ont trouvé des moyens d'associer céréales et légumineuses afin de couvrir leurs besoins en ces deux acides aminés : c'est l'association du riz et du soja en Extrême-Orient, du riz et des haricots rouges en Amérique centrale et du Sud, de la semoule de blé et des pois chiches dans le pourtour méditerranéen. C'est aussi l'une des bases fondamentales d'un régime végétarien bien conçu.

Taux de protéines dans différents aliments

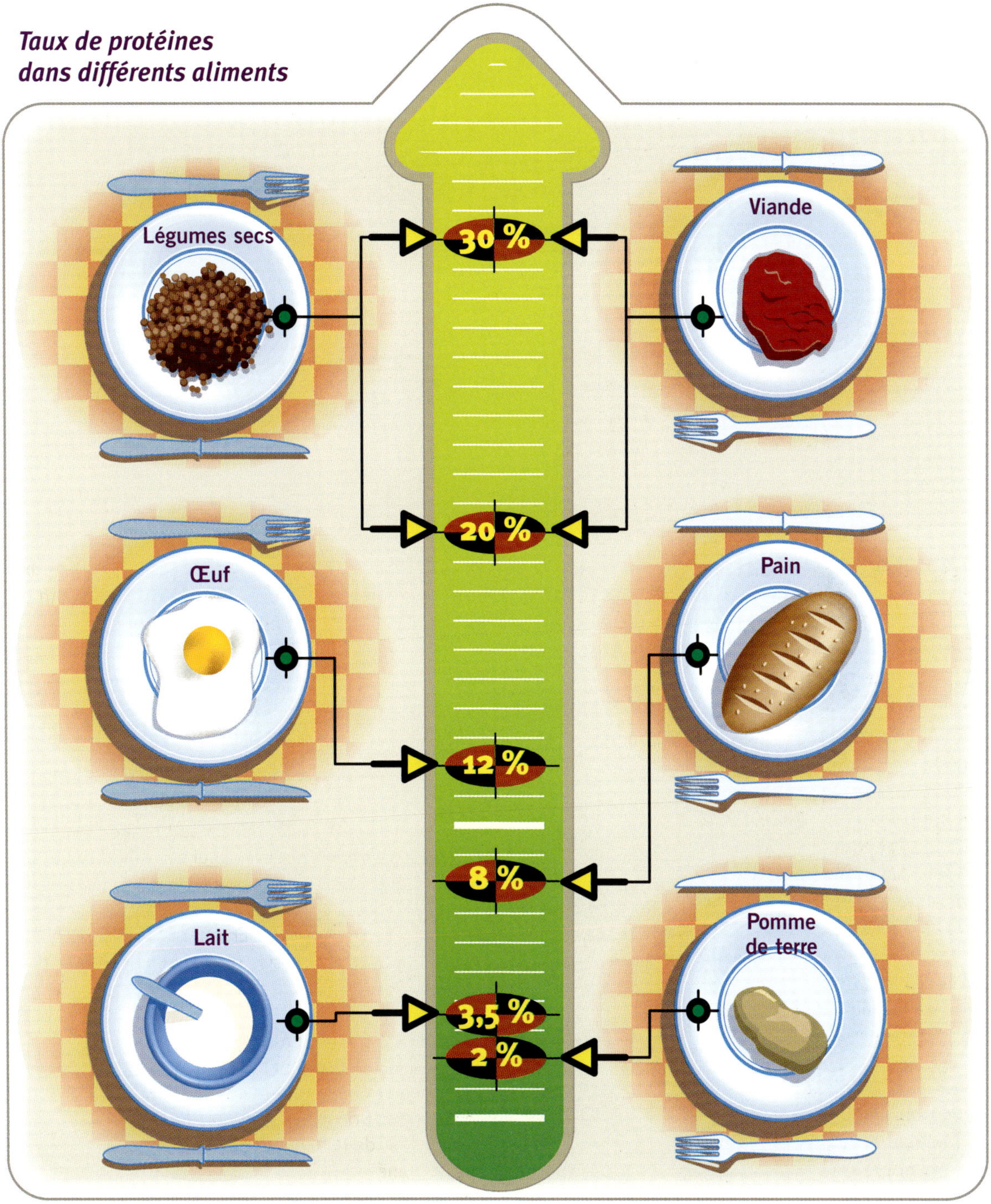

La reproduction

Chaque cellule humaine possède 46 chromosomes (23 paires), à l'exception des cellules reproductrices : les ovules chez la femme et les spermatozoïdes chez l'homme. Celles-ci ne renferment chacune que 23 chromosomes. Au moment de la fécondation, la fusion entre les deux matériels génétiques des parents produit un brassage important d'informations génétiques.

La fécondation

Lors de la **fécondation**, lorsque l'ovule et le spermatozoïde s'unissent, chacun apporte 23 chromosomes. Cette union donne un œuf qui possède 46 chromosomes (23+23). Celui-ci se divise ensuite pour donner des milliers de cellules qui ont toutes 46 chromosomes.

Les gènes sont transmis de cette façon aux enfants par leurs parents. Mais un enfant ne ressemble pas pour moitié à son père et pour moitié à sa mère.

Brassage génétique

Certains brassages génétiques sont systématiques, comme le mélange de l'information apportée par les deux parents lors de la fécondation, ou après **crossing over** : il s'agit d'un réassemblage de l'**information génétique** provoqué par l'échange de deux fragments identiques de chromosomes d'une même paire. Il s'ensuit un remaniement très important du patrimoine génétique. D'autres événements génétiques peuvent modifier notre hérédité comme les trisomies ou les **mutations**.

Le saviez-vous ?

Une mauvaise séparation des chromosomes au moment de la formation des cellules reproductrices peut avoir de graves conséquences. Ainsi, si l'un des chromosomes de l'ovule ou du spermatozoïde se trouve à l'état de paire, lors de la fécondation, on obtient trois copies du chromosome au lieu de deux. C'est ce qui se passe dans le cas du mongolisme (trisomie 21).

Les vrais jumeaux sont issus d'un même ovule fécondé. Ils partagent donc strictement le même patrimoine génétique. Ils sont du même sexe et présentent de grandes ressemblances physiques et biochimiques. Au contraire, les faux jumeaux proviennent de deux ovules fécondés presque en même temps par deux spermatozoïdes différents. Ils ne partagent pas le même patrimoine génétique et peuvent être de sexe différent. En réalité, il s'agit de frères et/ou de sœurs qui ont été conçus en même temps.

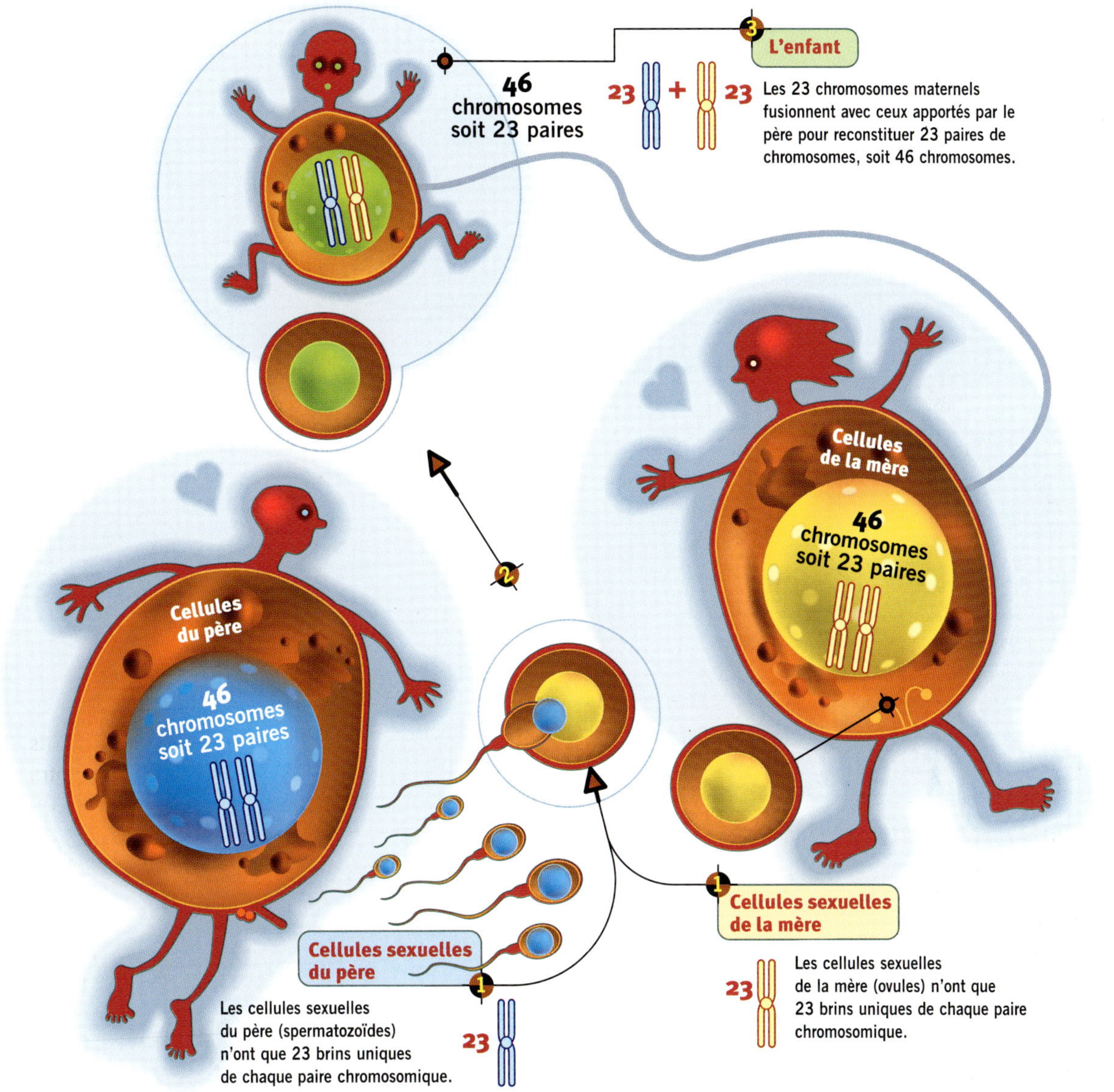

Le crossing-over

Le brin maternel du chromosome se mélange avec le brin paternel pour constituer une paire. Il se produit au cours de cette fusion un échange physique de matériel génétique, des bouts d'ADN maternel et paternel se substituant l'un à l'autre.

Les chromosomes sont disposés par paire dans le noyau de chaque cellule. L'homme possède 23 paires de chromosomes. Au niveau de chaque paire, les deux chromosomes portent les mêmes gènes. Un gène possède toujours son double. Chaque version d'un même gène est un allèle. On peut donc dire qu'un gène, c'est en fait deux allèles.

La transmission des caractères héréditaires

Gènes et allèles

Les **allèles** sont les différentes versions possibles d'un même **gène**. Les allèles ont la même fonction (par exemple définir un groupe sanguin) mais pas toujours la même structure (un allèle peut donner le groupe O, un autre le groupe B). Par ailleurs, certains allèles sont **dominants** sur d'autres qui sont **récessifs**. Dans le cas où l'allèle dominant d'un gène est opposé à l'allèle récessif, seul le dominant sera effectivement exprimé sous forme de caractère.

La réalité génétique, c'est-à-dire l'ensemble des allèles dominants ou récessifs du même gène, est le **génotype**. Le résultat de leur expression (ce que l'on constate chez l'individu) est le **phénotype**.

Si, pour un caractère donné, un individu a reçu de ses parents deux allèles identiques, il est dit **homozygote**. S'il a reçu deux allèles différents, il est **hétérozygote**.

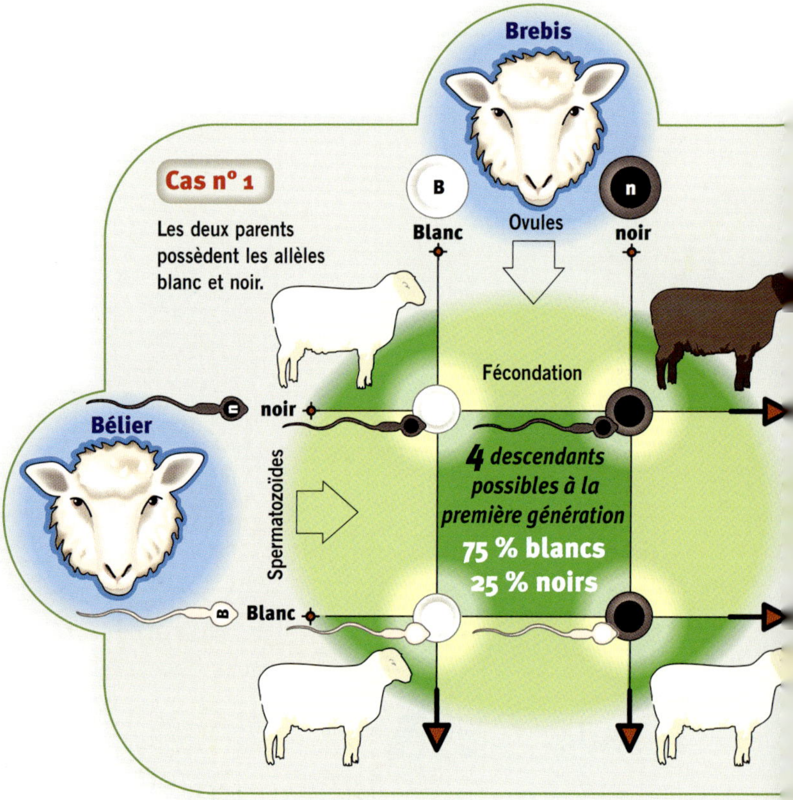

Le saviez-vous ?

Un gène peut être responsable de plusieurs caractères. Ainsi, les rats qui portent le gène albinos, correspondant à un pelage blanc, sont moins agressifs que les autres. Plusieurs gènes distincts peuvent coder des caractères semblables phénotypiquement (pelage foncé chez certains animaux). Plusieurs gènes peuvent participer au même caractère (vision du vert, par exemple).

Être obéissant, méchant, généreux, autant de caractères transmis par nos parents ? Ce n'est pas aussi simple. Des études faites sur de vrais jumeaux (qui ont donc le même patrimoine génétique), élevés ensemble ou séparément, montrent que l'environnement reste primordial.

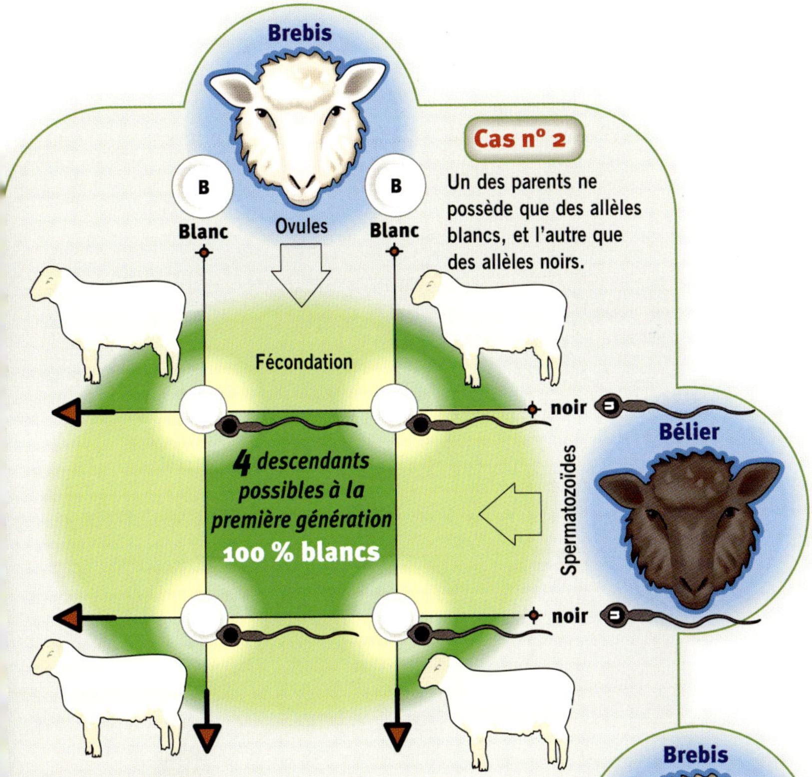

Transmission de la couleur de la laine chez le mouton

Le gène codant la couleur de la laine du mouton possède deux allèles : un allèle dominant (B) codant la couleur blanche de la laine et un allèle récessif (n) codant la couleur noire de la laine. Ainsi, pour qu'un mouton soit noir, il faut qu'il reçoive de ses deux parents l'allèle (n).
Un mouton noir est donc homozygote pour ce caractère, il est (nn).
En revanche, pour qu'un mouton soit blanc, il suffit qu'il reçoive de l'un des deux parents l'allèle (B). Un mouton blanc peut donc être hétérozygote pour ce caractère, il est (Bn) ou alors homozygote (BB).

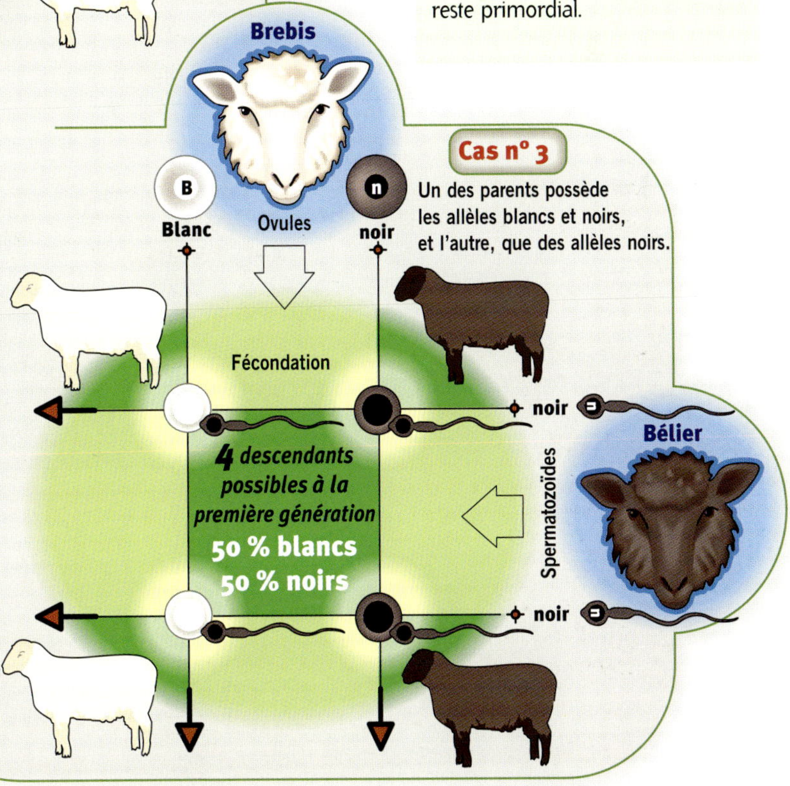

Les mutations génétiques

Les mutations surviennent au hasard mais elles sont rares : en effet, leur fréquence est de l'ordre de 1 sur 100 000 à 1 sur 100 millions (chez la drosophile). Une mutation est une modification de l'ADN (du code génétique), transmissible aux descendants.

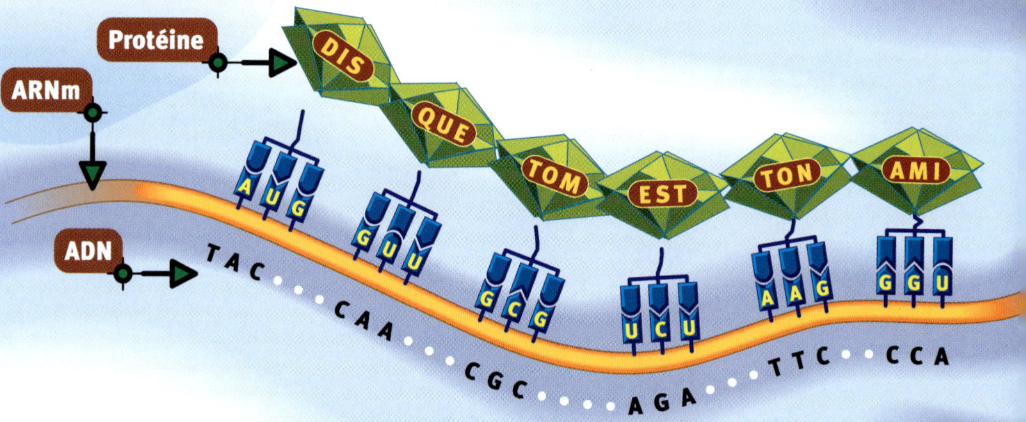

Certaines **mutations** sont ponctuelles, c'est-à-dire qu'elles ne concernent qu'une seule **base**. Il peut s'agir :

- d'une substitution : remplacement d'une base par une autre (par exemple A est remplacée par C ou G ou T).
- d'une délétion : perte d'une base, par exemple la séquence d'ADN ATTCAG devient ATCAG par perte d'une base T.
- d'une addition : ajout d'une base, par exemple la séquence d'ADN CACTG devient CACT**A**G.
- d'une inversion : renversement de deux bases (**nucléotides**), par exemple la séquence C**AC**TG devient C**CA**TG.

Les mutations peuvent aussi concerner des zones plus larges de l'**ADN**. Ainsi, certaines délétions amputent le **génome** de plusieurs bases.

Exemple de création normale d'une protéine

La synthèse de la protéine est parfaite. La protéine remplira donc ses fonctions dans la cellule.

Mutation par substitution

Une base T est remplacée par une base A. La protéine codée – la phrase – n'a plus le même sens.

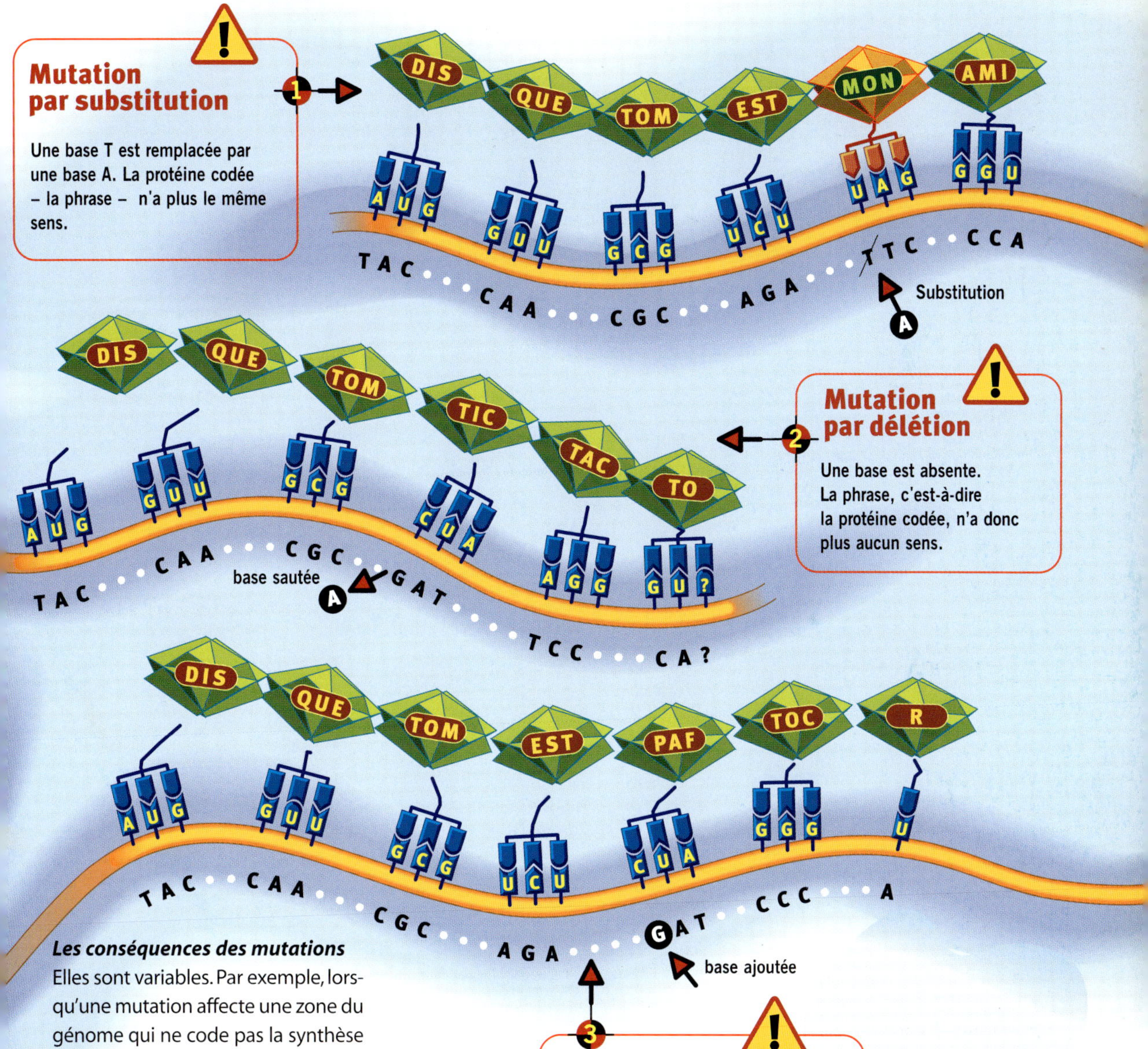

Mutation par délétion

Une base est absente. La phrase, c'est-à-dire la protéine codée, n'a donc plus aucun sens.

Mutation par addition

Une base G a été ajoutée sur un des triplets, ce qui décale tous le reste de la lecture. La protéine n'est donc plus fonctionnelle.

Les conséquences des mutations

Elles sont variables. Par exemple, lorsqu'une mutation affecte une zone du génome qui ne code pas la synthèse d'une protéine (**ADN non-codant**), elle sera sans effet. On parle de mutation silencieuse. D'autres mutations en revanche peuvent modifier la composition ou la quantité d'une protéine et donc son rôle. De telles mutations sont souvent à l'origine de maladies génétiques, voire du décès de la personne.

Une maladie génétique résulte de la perturbation de la transcription d'un gène ou d'une anomalie de sa séquence. Le produit final codé par le gène (une protéine) est soit absent ou en quantité diminuée, soit présent en quantité normale, mais sa séquence et de ce fait sa fonction sont altérées. Il en résulte un défaut de la fonction de telle ou telle cellule.

Les maladies génétiques

Les **maladies génétiques monogéniques** sont dues à des anomalies portées par un seul gène. On en dénombre, aujourd'hui, environ 4 000. Elles peuvent être, ou non, portées par des chromosomes y compris sexuels : mucoviscidose (chromosome7), hémophilie de type B (chromosome X), etc.

La mucoviscidose

C'est la maladie monogénique la plus fréquente. La maladie affecte la viscosité du mucus des bronches. Celui-ci devient trop épais pour pouvoir être évacué et s'accumule dans les bronchioles jusqu'à les obstruer. Des infections à répétition se déclarent et peuvent évoluer vers une insuffisance respiratoire sévère. Les sécrétions du pancréas sont aussi modifiées, et donc la digestion des graisses et des protéines, provoquant des amaigrissements.

La mucoviscidose est une maladie génétique récessive **autosomique**, ce qui signifie qu'elle se manifeste chez un individu dont les **allèles** sont **mutés**. Dans ce cas, les deux parents sont donc porteurs du gène muté. Les recherches récentes ont permis d'identifier en 1989 le gène en cause. La principale mutation de ce gène (70 % des cas français) est due à une délétion ; elle a pour conséquence une perte d'un acide aminé d'une protéine majeure, ce qui rend celle-ci non fonctionnelle.

Environ 4 % des Européens et des Américains du Nord porteraient ce gène muté sans le savoir, c'est-à-dire, dans notre cas, plus de 2 millions de Français. On compte environ 6 000 cas de mucoviscidose dans notre pays.

L'hémophilie

Chez l'homme, on sait que certaines maladies graves d'origine génétique se rencontrent presque exclusivement chez les sujets mâles. C'est le cas de l'hémophilie, un défaut de la coagulation sanguine, bien souvent fatal avant l'avènement de la transfusion sanguine.

La généalogie la mieux documentée de cette maladie est celle de la famille de la reine Victoria. On pense que la reine Victoria aurait hérité cette anomalie génétique de son père, le duc de Kent, dont le gène codant pour un des facteurs de coagulation du sang aurait muté. Victoria l'a, à son tour, transmis à sa nombreuse descendance, notamment par le relais de ses filles Alice et Béatrice. C'est ainsi que les héritiers mâles des cours d'Espagne et de Russie furent hémophiles.

Lorsqu'une maladie génétique affecte spécifiquement un sexe mais pas l'autre, elle est généralement due à un gène muté porté par l'un des

L'arbre généalogique des descendants de la reine Victoria, un exemple de la transmission héréditaire d'une maladie génétique : ***l'hémophilie***

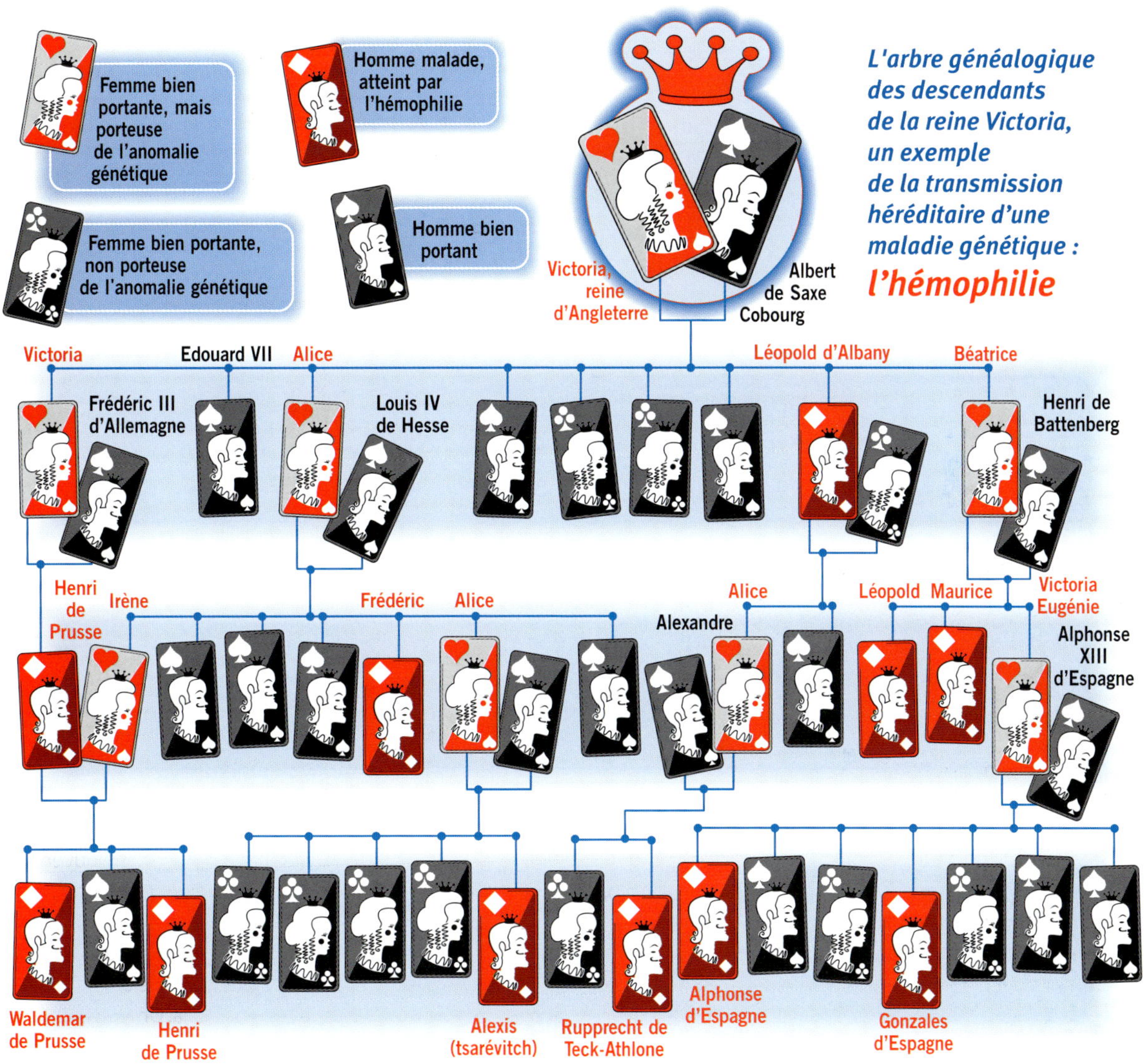

chromosomes sexuels. Dans le cas de l'hémophilie, le gène défectueux est situé sur l'extrémité du chromosome X qui n'a pas de vis-à-vis – le chromosome Y étant plus court.

Chez l'homme (XY), les mutations, même récessives, portées par le chromosome X, s'expriment. En effet, elles ne peuvent pas être contrées par un allèle homologue sain. Théoriquement, il est aussi possible que des femmes expriment les différentes mutations portées par le chromosome X. Cependant, la fréquence de gènes défectueux sur le chromosome X est faible. Le risque statistique pour que deux allèles portant la même mutation génétique récessive se retrouvent face à face sur les deux chromosomes de la paire XX est donc extrêmement faible. De surcroît, et dans le cas de l'hémophilie, par exemple, on pense que cette combinaison génétique est presque toujours fatale et qu'elle se traduit par une mort embryonnaire précoce.

Le saviez-vous ?

Certaines mutations génétiques sont portées par les chromosomes non sexuels (autosomiques). Si leur expression est toujours déterminée par leur récessivité ou leur dominance, elles se retrouvent indifféremment chez les femmes et les hommes.

Les gènes, facteurs de risque

Certaines maladies ne sont pas des maladies génétiques héréditaires ; cependant, la présence simultanée d'un ou plusieurs gènes semble favoriser leur apparition. On parle d'un terrain génétique de prédisposition. Aux facteurs génétiques se combinent des facteurs environnementaux (alimentation, stress, choc émotionnel...).

Certaines maladies sont influencées par la nature des **gènes**, mais leur survenue ou leur évolution peuvent être liées à d'autres facteurs de risques environnementaux, notamment alimentaires. C'est le cas de certaines formes de cancers, de l'hypertension artérielle, de formes de diabète, de certaines prédispositions aux maladies inflammatoires de l'intestin, etc.

Ces prédispositions génétiques sont difficiles à étudier puisqu'elles peuvent concerner plusieurs gènes et donc plusieurs fonctions cellulaires. De même, elles peuvent intervenir à différentes phases du processus très complexe qui conduit à la maladie (cas du cancer). Il peut également s'agir de particularités génétiques assez répandues chez les individus, mais qui se traduiront en termes de santé sous l'influence d'un facteur de l'environnement.

Exemples de localisation chromosomique de gènes de risque

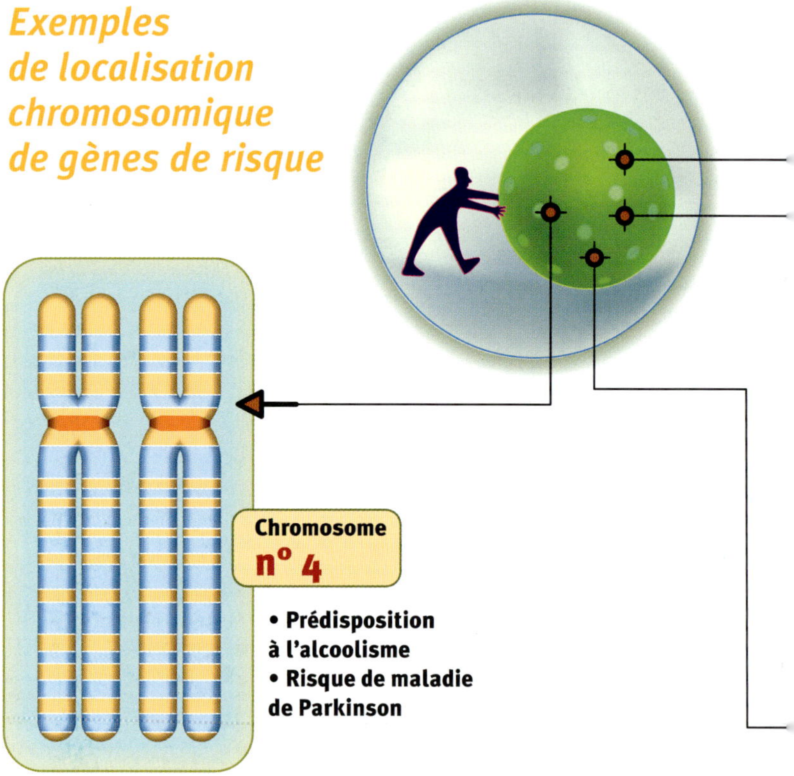

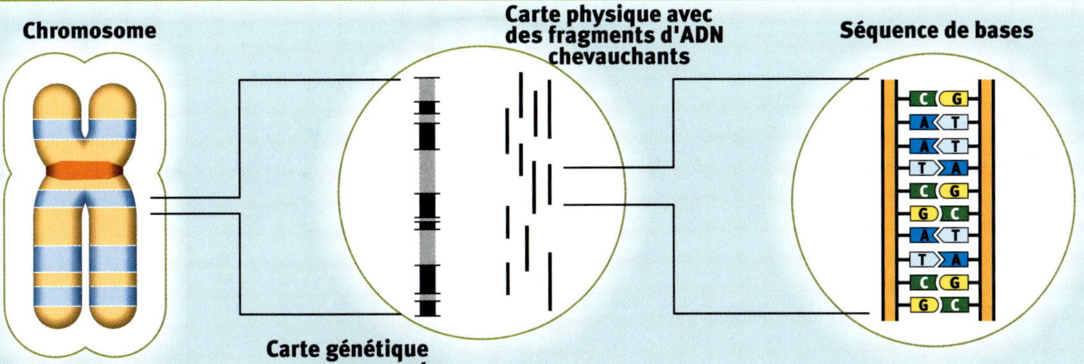

La carte génétique

Il s'agit d'une représentation graphique de la position des gènes, les uns par rapport aux autres, tout le long des chromosomes.

La carte génétique réalisée en 1993 par un laboratoire français, Généthon, a permis des progrès considérables dans la localisation des gènes. Grâce à des repères ou marqueurs constitués par les régions « polymorphes », c'est-à-dire des séquences d'ADN variables d'un individu à l'autre, il est possible maintenant de localiser plus facilement un gène.

L'analyse des gènes humains est en cours. Environ 5 % d'entre eux sont connus à l'heure actuelle. Selon les chercheurs, la cartographie complète du génome humain serait disponible vers 2001.

On comprend l'intérêt scientifique et médical de cette cartographie (diagnostic prénatal, conseil génétique, thérapie génique…). Mais si la législation n'était pas assez vigilante, ne risquerait-elle pas de déboucher sur un fichier répertoriant les caractéristiques génétiques des individus ? Et si des compagnies privées y avaient accès, ne pourraient-elles pas sélectionner leurs futurs employés sur leurs « performances génétiques » et discriminer les autres ? Ne risque-t-on pas des violations graves du secret médical ? La loi française est très vigilante sur ces aspects.

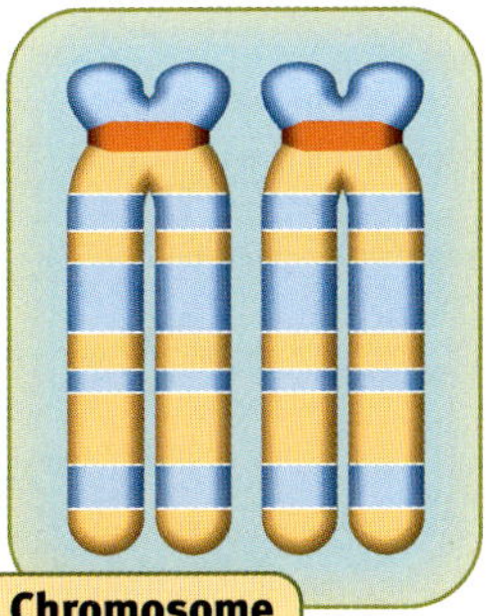

Chromosome nº 14

- **Risque d'eczéma atopique**
- **Prédisposition au diabète sucré insulino-dépendant**
- **Leucémie**

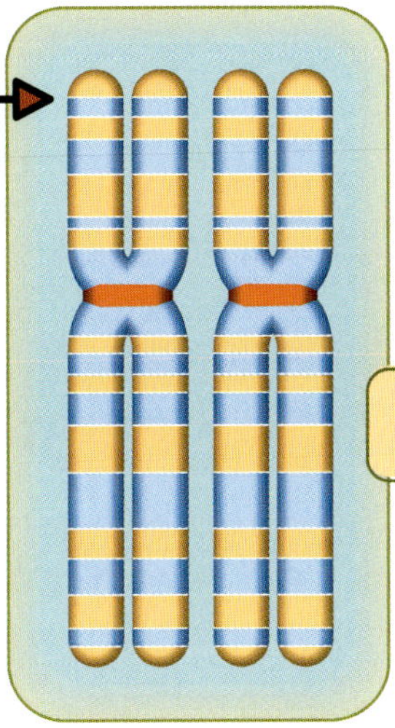

Chromosome nº 6

- **Risque de schizophrénie**
- **Risque de dyslexie**

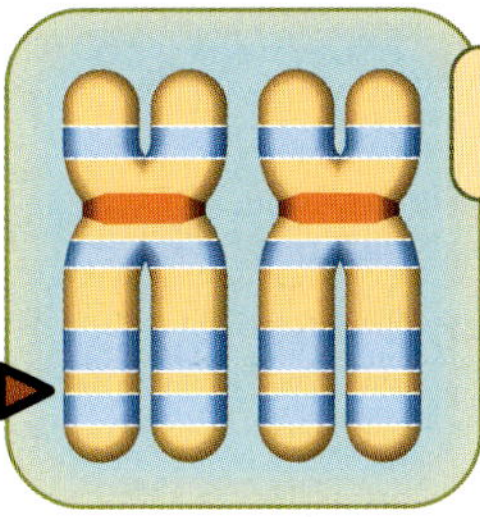

Chromosome nº 17

- **Prédisposition à certains cancers du sein et de l'ovaire**
- **Risque pour tous cancers**
- **Risque de psoriasis**
- **Risque d'infarctus**

Le diagnostic génétique

Schéma d'une échographie utérine prise durant la grossesse.

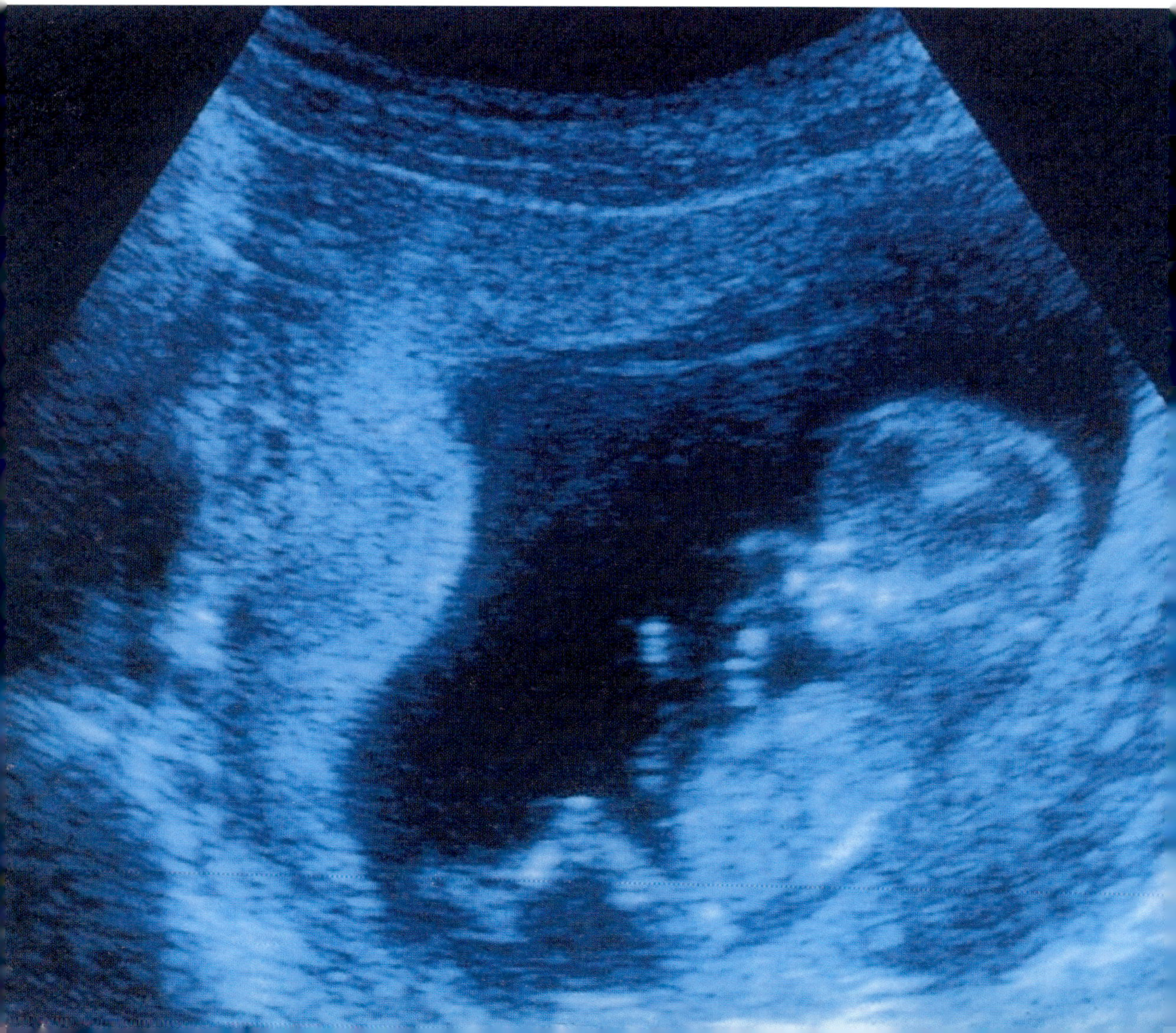

Le diagnostic génétique découle d'examens spécialisés, habituellement effectués sur une simple prise de sang : étude des chromosomes (caryotype) ou étude directe des anomalies des gènes lorsque celles-ci sont identifiées. Il est aussi possible de proposer un diagnostic prénatal vers la neuvième semaine de grossesse.

Diagnostic génétique

Des tests génétiques peuvent permettre le diagnostic de certaines **maladies monogéniques**. Ils sont basés sur l'analyse de l'**ADN**. La possibilité de les pratiquer dépend de l'avancée des connaissances acquises sur l'anomalie génétique : localisation chromosomique, identification du gène.

Diagnostic prénatal

Lorsqu'une anomalie **génique** présente dans une famille a été identifiée ou lorsque l'on redoute une mauvaise répartition des chromosomes (cas du mongolisme), il est possible de proposer un diagnostic prénatal. Ce diagnostic permet de prévoir très tôt si l'enfant à naître est porteur ou non de la maladie génétique, par prélèvement de quelques millilitres de liquide amniotique (amniocentèse).

Le conseil génétique

Le conseil génétique s'adresse à toute personne ou tout couple inquiet sur l'avenir de sa descendance. Lors de la consultation de conseil génétique, le médecin généticien évalue le risque pour une personne de porter et/ou de transmettre une maladie génétique. Il s'agit, par exemple, de prévenir un jeune qu'il est porteur d'une affection héréditaire transmissible à ses descendants, ou de mettre en garde des conjoints présentant un pourcentage de consanguinité élevé, ou ayant déjà eu un enfant atteint.

Des pratiques bien encadrées

La pratique de tests géniques est strictement encadrée par la loi, surtout dans notre pays (lois de 1994 sur la Bioéthique), mais des dérives peuvent se produire. Ainsi, il ne faudrait pas que l'on détermine un jour ce que doit être « l'homme sain et parfait » et que l'on élimine les génomes jugés « malades ». Au-delà du danger de réduction de la diversité humaine, donc de la question de la survie de l'espèce, c'est une question de dignité humaine.

Par ailleurs, la possibilité de diagnostiquer des maladies génétiques à apparition tardive pose des questions très difficiles. Ainsi, comment annoncer à un jeune de 20 ans qu'il porte des gènes qui seront responsables d'une terrible maladie voire de sa mort, 20 ans plus tard ?

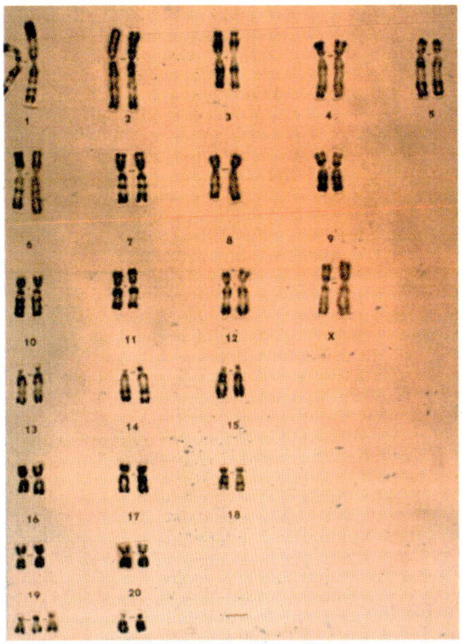

Le caryotype contribue au diagnostic des anomalies chromosomiques. Ce caryotype met ainsi en évidence un cas de trisomie du chromosome 21 chez une fille.

La thérapie **génique**

La thérapie génique est l'utilisation de gènes comme médicaments. Beaucoup de maladies sont concernées par cette approche thérapeutique : les maladies génétiques, bien sûr, mais aussi des maladies acquises comme le cancer, le sida ou les maladies cardiovasculaires.

1 Dans le cas d'une maladie génétique, une fois le gène responsable identifié et séquencé, il est possible d'utiliser cette séquence d'ADN comme gène-médicament. L'objectif est de palier le gène déficient.

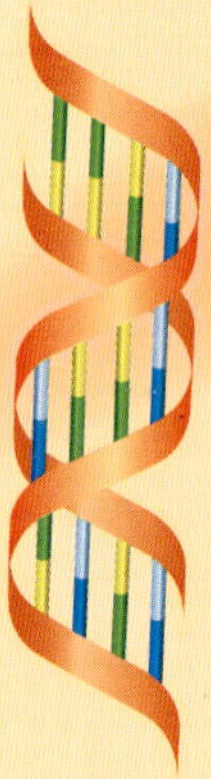

2 Le gène-médicament est une séquence d'ADN normal qui corrige la mutation une fois intégrée au noyau cellulaire de la personne malade.

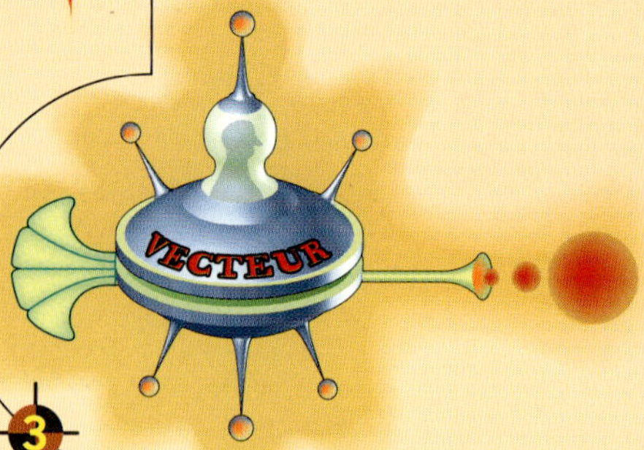

3 Le gène-médicament a besoin d'un vecteur pour le transporter jusqu'au noyau. Le vecteur est un transporteur capable de franchir toutes les barrières biologiques (notamment les membranes cellulaires et nucléaires) pour libérer le gène-médicament dans le noyau.

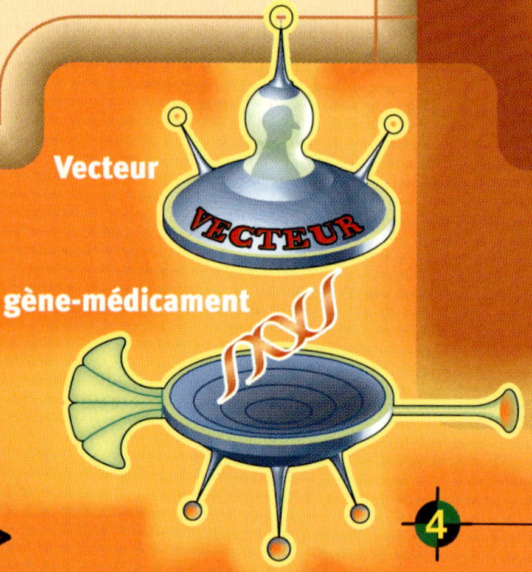

4 Les vecteurs les plus utilisés sont des virus rendus inoffensifs. Le gène-médicament s'intègre au génome du virus.

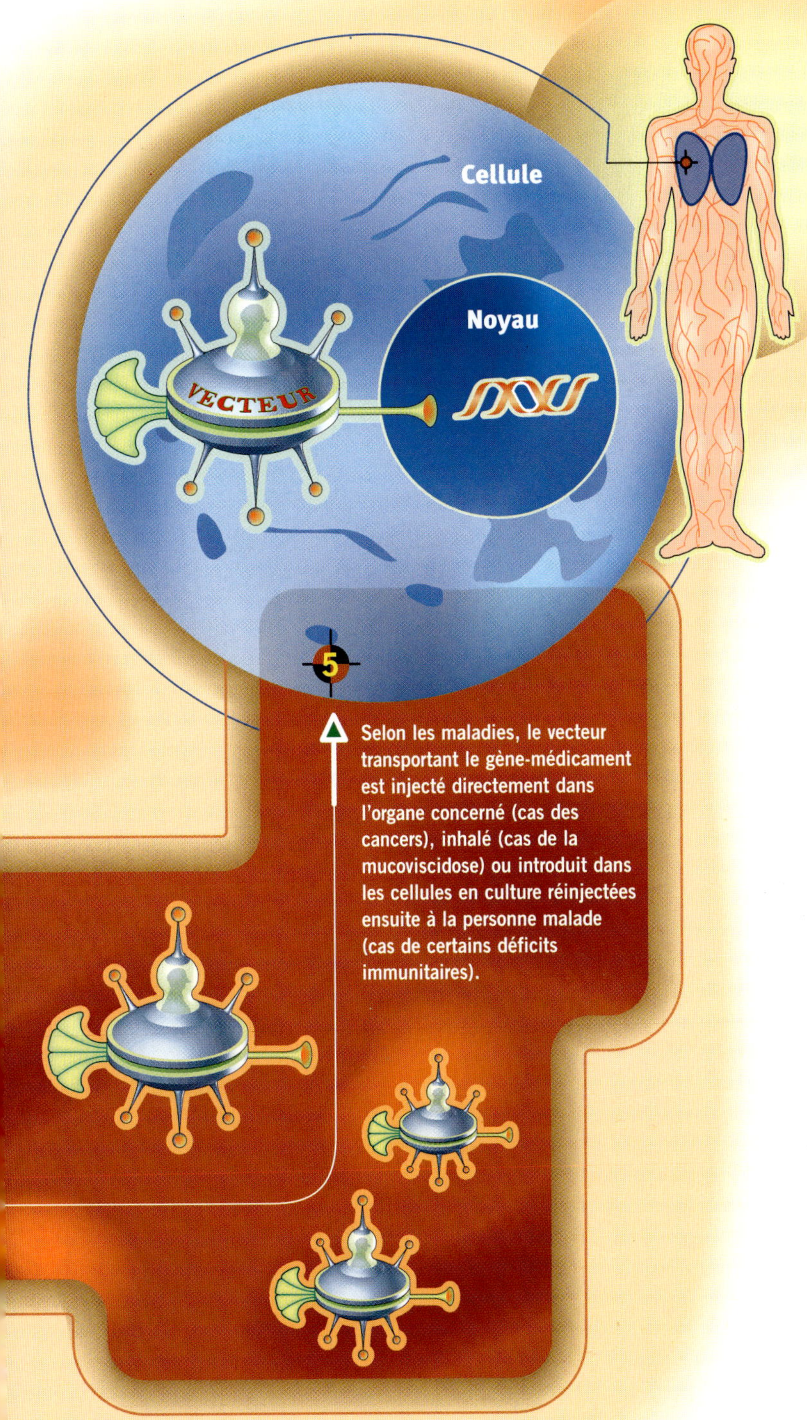

Les applications potentielles

La thérapie génique n'en est qu'au stade expérimental, mais l'utilisation d'une séquence d'ADN (gène-médicament) a de multiples applications : elle sert à palier un gène défectueux responsable d'une maladie génétique par un gène sain, à bloquer ou stimuler la synthèse d'une protéine, et notamment celle des protéines médicaments. Elle peut aussi provoquer le suicide des cellules cancéreuses ou stimuler la réponse immunitaire, dernière arme de notre organisme contre les cellules cancéreuses.

Les vecteurs artificiels

Ils représentent une alternative aux virus. Ce sont surtout des microcapsules dont l'enveloppe graisseuse ressemble à la membrane de nos cellules (des liposomes). Elles peuvent donc fusionner avec la membrane et déverser leur gène-médicament à l'intérieur de la cellule. À côté des liposomes, il existe d'autres vecteurs. Cependant, à ce jour, aucun **vecteur** n'est encore complètement efficace.

On peut également prélever les cellules du sujet atteint, les cultiver *in vitro* en y introduisant directement le gène-médicament et les réimplanter chez le malade.

Des dérives possibles

La tentation peut être grande pour certains « d'améliorer », à des fins lucratives ou autres, un être humain en utilisant un gène-médicament. Une forme de dopage sportif, version IIIe millénaire, a été vérifiée chez la souris. Les chercheurs ont traité l'animal par thérapie génique en introduisant un gène qui code un facteur de croissance et active la croissance et la réparation des cellules musculaires.

Les OGM

Un organisme génétiquement modifié, ou OGM, est un être vivant (virus, bactérie, cellule, animal, végétal) au sein duquel une information génétique (le plus souvent un seul gène, de la même espèce ou un gène étranger) a été ajoutée (transgénèse), éliminée, ou modifiée. Les techniques utilisées par les laboratoires pour obtenir un OGM s'inspirent de mécanismes et utilisent des outils présents dans la nature.

Les OGM thérapeutiques

Dans le domaine de la santé humaine, le transfert de gène est déjà utilisé couramment pour produire certains médicaments : hormone de croissance, insuline, vaccin contre l'hépatite B, etc. Il permet aussi désormais la production de substances médicamenteuses dans le lait des mammifères, ou dans des cellules végétales. La **transgénèse** ouvre aussi la possibilité de produire des aliments enrichis en éléments bénéfiques pour la santé. Nous devons déjà aux OGM thérapeutiques de nombreux médicaments. Ainsi, les plants de colza génétiquement modifiés sont capables de produire de la lipase gastrique humaine. Celle-ci allège les problèmes de malnutrition chez les enfants atteints de mucoviscidose. Les OGM permettent une plus grande liberté d'obtention des médicaments sans risque de contamination par des virus ou des prions animaux (cas de l'encéphalite spongiforme bovine) ou humains, comme ce fut le cas dans

Les chercheurs ont réussi à transférer des gènes codant la synthèse des globines dans le plant de tabac.

Projets thérapeutiques en cours

Les OGM sont très largement développés dans les laboratoires de recherche fondamentale, *in vivo* ou *in vitro*, pour mieux comprendre les mécanismes du vivant, l'origine de certaines maladies ou les propriétés de l'ADN utilisé comme médicament. À ce stade, moyennant quelques précautions, ces expériences ne comportent pas de réels dangers. Des commissions scientifiques spécialisées veillent d'ailleurs au bon fonctionnement général de ce dispositif.

D'autres projets ont pour objet de faire produire par des végétaux ou des bactéries des globines, qui constitueront ensuite l'hémoglobine humaine, protéine responsable de l'oxygénation de nos tissus, ce qui permettrait de réduire les transfusions en cas d'accidents, ou d'hémorragies. Des essais français, encore limités, ont utilisé le tabac comme organisme récepteur des gènes de l'hémoglobine et ont été couronnés de succès.

le passé avec l'**hormone** de croissance extraite d'hypophyse humaine. C'est également un moyen de réduire les réactions allergiques à certaines protéines d'origine animale en introduisant préférentiellement les gènes humains de la protéine-médicament. C'est enfin la possibilité de contourner, lors des transfusions de sang, le problème de la compatibilité des groupes sanguins entre donneur et receveur.

Les OGM agroalimentaires

En permettant d'obtenir des végétaux nutritionnellement plus adaptés pour l'homme, les OGM pourraient constituer un progrès dans le domaine agroalimentaire. Différents types d'OGM agroalimentaires sont actuellement commercialisés dans le monde. Des essais sur différents végétaux tentent de rééquilibrer leurs protéines naturellement pauvres en certains **acides aminés** essentiels. Un riz hypoallergénique vient d'être mis au point (les deux tiers de l'humanité se nourrissent principalement de riz).

Projets agroalimentaires en cours

Certains OGM peuvent fournir des solutions aux problèmes d'environnement (réduction de l'utilisation des pesticides). Il s'agit de modifier le génome d'une plante pour lui conférer de nouveaux caractères (résistance aux insectes, aux conditions extrêmes d'environnement et de climat…). On a intégré les gènes d'une bactérie du sol, *Bacillus thuringiensis* (BT), qui sécrète naturellement des protéines biopesticides toxiques contre certains insectes, dans différents végétaux (maïs, coton, pomme de terre). D'autres essais sont en cours pour permettre à des végétaux de pousser sur des sols arides ou trop salés.

Enfin, certains OGM sont surtout des innovations tournées vers la consommation : il s'agit, par exemple, d'essais visant à créer de nouvelles plantes ornementales, ou des fraises de culture ayant un goût de fraises des bois.

On sait depuis 1954 que Bacillus thuringiensis, *une bactérie du sol, produit naturellement des pesticides très actifs contre certains insectes (lépidoptères, coléoptères, etc.). On utilise depuis les années 1970 ces biopesticides dans la lutte contre les insectes pour protéger forêts, cultures maraîchères et vignobles.*

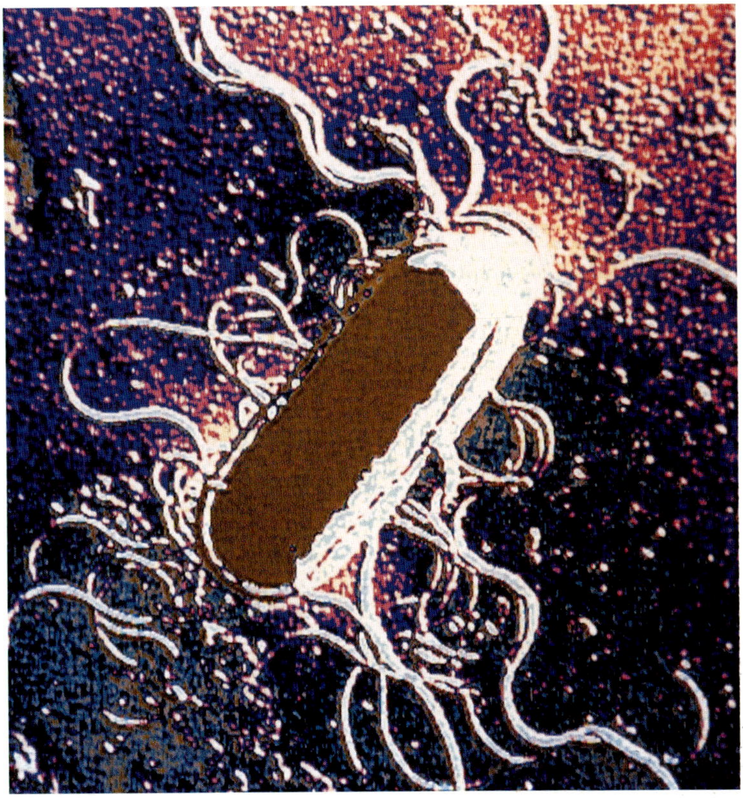

Des risques possibles

Le problème, dans ces situations, n'est généralement pas l'OGM, mais son caractère encore difficilement acceptable pour une société habituée à consommer des aliments bien identifiés et bien acceptés, fruits de l'expérience et de la tradition.

Il s'agit aussi des problèmes de dissémination génétique, c'est-à-dire du passage accidentel du gène modifié d'une plante à un végétal présentant des parentés génétiques, ou d'une plante à une bactérie du sol (puisque les gènes transférés proviennent très souvent d'une bactérie du sol). Même si la probabilité est faible et que ces phénomènes existent naturellement, il ne faut pas les minimiser.

Un autre risque des OGM, pour l'homme, est l'allergie. Ce sont les protéines qui provoquent l'allergie. Il n'est pas exclu que certaines personnes réagissent allergiquement à la nouvelle protéine ou à une protéine modifiée d'un OGM. Il existe environ 1 à 2 % d'individus allergiques à des aliments en France et nous ne possédons pas de modèle animal capable de reproduire cette réaction, qui permettrait de tester les aliments.

Cette vogue des OGM ne risque-t-elle pas d'appauvrir notre patrimoine naturel ? En effet, si l'on modifie génétiquement une espèce de tomate ou de pomme, on risque de la privilégier et d'abandonner les autres qui peuvent disparaître faute d'être cultivées.

Le problème est à la fois un problème philosophique et technique. Philosophique parce qu'il pose la question de savoir jusqu'où nous pouvons aller dans la transgression des barrières d'espèces. En un mot faisons-nous bien en faisant cela ? Une question très difficile et qui met en cause bien des valeurs. Technique, parce qu'il y a encore un risque non négligeable de voir ces gènes se diffuser dans la nature d'une manière difficile à cerner.

Certains de ces OGM présentent cependant des intérêts indéniables, y compris pour l'environnement.

De la sélection naturelle à la transgénèse

Les hommes ont, de tout temps, tenté d'améliorer la qualité, la résistance et l'abondance de leurs cultures et de leurs troupeaux. En sélectionnant naturellement, c'est-à-dire en repérant les individus (végétaux ou animaux) les plus intéressants et en les croisant entre eux, ils ont déjà fait évoluer considérablement notre patrimoine naturel. Ainsi, il existe bien peu de points communs entre la vilaine petite carotte jaunâtre telle que l'a connue Charlemagne et celle d'aujourd'hui. C'est à partir de 1900 que cette sélection variétale devint plus scientifique.

Aujourd'hui, les chercheurs continuent dans cette voie. Ils réalisent, en laboratoire, des croisements entre des plantes (ou entre animaux), pour retrouver dans la descendance des caractères génétiques recherchés. Autrefois, les croisements génétiques n'étaient possibles qu'à l'intérieur d'une même espèce, ou entre espèces très proches. À présent, grâce aux biotechnologies, les chercheurs peuvent choisir une qualité, trouver le gène qui donne cette qualité et ensuite introduire ce gène dans une plante ou un animal qui ne le possède pas. Cette manipulation des gènes s'appelle la transgénèse.

Fabrication d'un OGM à visée agroalimentaire

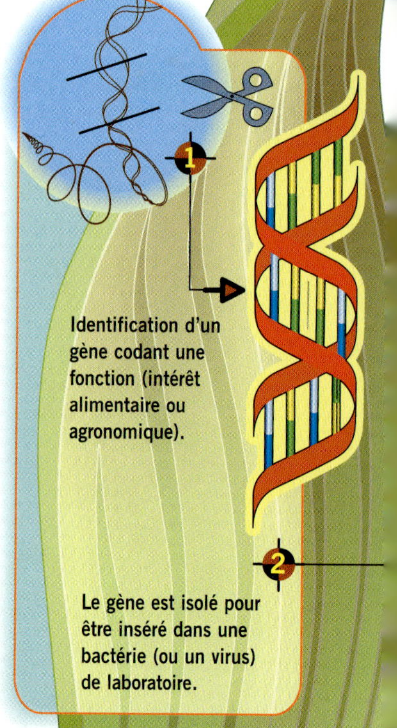

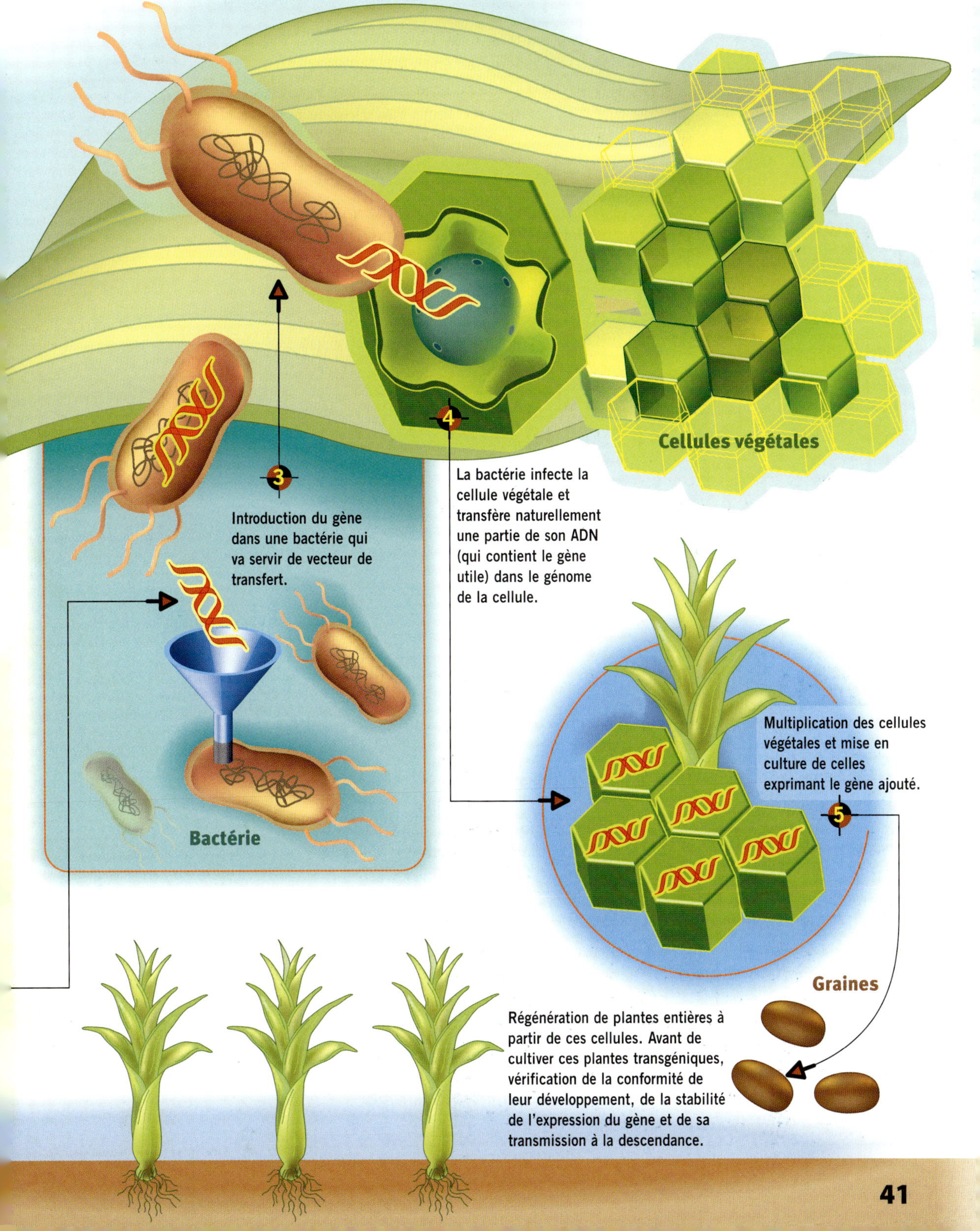
Cellules végétales
3
Introduction du gène dans une bactérie qui va servir de vecteur de transfert.
4
La bactérie infecte la cellule végétale et transfère naturellement une partie de son ADN (qui contient le gène utile) dans le génome de la cellule.
Bactérie
Multiplication des cellules végétales et mise en culture de celles exprimant le gène ajouté.
5
Graines
Régénération de plantes entières à partir de ces cellules. Avant de cultiver ces plantes transgéniques, vérification de la conformité de leur développement, de la stabilité de l'expression du gène et de sa transmission à la descendance.

Le clonage

C'est en 1997 que la revue *Nature* a annoncé la naissance de Dolly, clonée à partir d'une cellule de brebis. Depuis, d'autres expériences de ce type se sont succédé. Les institutions de différents pays, dont 19 des 23 États membres du Conseil de l'Europe, se sont inquiétées de l'application possible de ces techniques à l'homme.

Cloner signifie reproduire à l'identique une molécule (clonage moléculaire), une bactérie ou une cellule (clonage cellulaire), ou un être vivant. Ces techniques sont évidemment très importantes pour la recherche fondamentale. Mais elles peuvent comporter d'autres intérêts. Par exemple, l'intérêt du clonage chez l'animal réside dans la possibilité de « duplication » d'un animal présentant des qualités zootechniques exceptionnelles (certains taureaux reproducteurs, par exemple) à partir de l'une de ses cellules. Un autre avantage serait d'obtenir par clonage un troupeau à partir d'un animal **transgénique** dont on aurait modifié le **génome** pour lui faire produire, par exemple, une protéine d'intérêt thérapeutique pour l'homme.

Par ailleurs, chez l'homme, le clonage de certaines cellules serait très utile pour produire certains tissus humains afin de réaliser des **autogreffes**, car il supprimerait les problèmes de rejet.

Des dérives inquiétantes

Pouvoir multiplier un être humain à l'identique est une possibilité technique du clonage. Cela pourrait séduire certains individus en quête d'une vaine tentative d'immortalité. La chose est **éthiquement** peu acceptable : il ne suffit pas d'avoir le même patrimoine génétique pour être identique. Ainsi, les vrais jumeaux possèdent les mêmes gènes, sont issus d'une même cellule, se sont développés au cours d'une même grossesse, ont souvent été élevés de façon similaire, et restent deux personnes différentes.

Certains pourraient être tentés par un **clone** d'eux-mêmes, une sorte de copie de réserve qu'ils sacrifieraient en cas de besoin de greffes.

Cette volonté de maîtriser le vivant est une atteinte inacceptable à la dignité de l'homme.

Dolly, trois ans après...

Née pendant l'été 1996, Dolly est le premier mammifère cloné à partir d'une cellule « adulte ». Trois ans après sa naissance, le professeur Ian Wilmut, son « père », révèle le vieillissement prématuré des extrémités de ses chromosomes. Ses chromosomes ne correspondent pas à ceux d'une brebis de 3 ans mais à ceux d'une brebis de 9 ans (soit l'âge de sa mère). Dolly affiche néanmoins actuellement tous les signes d'une bonne santé.

Ces résultats ne sont que des premières données qui méritent d'être confirmées par d'autres études. Mais s'ils sont exacts, ils remettent en question l'intérêt du clonage d'animaux à partir d'une cellule adulte.

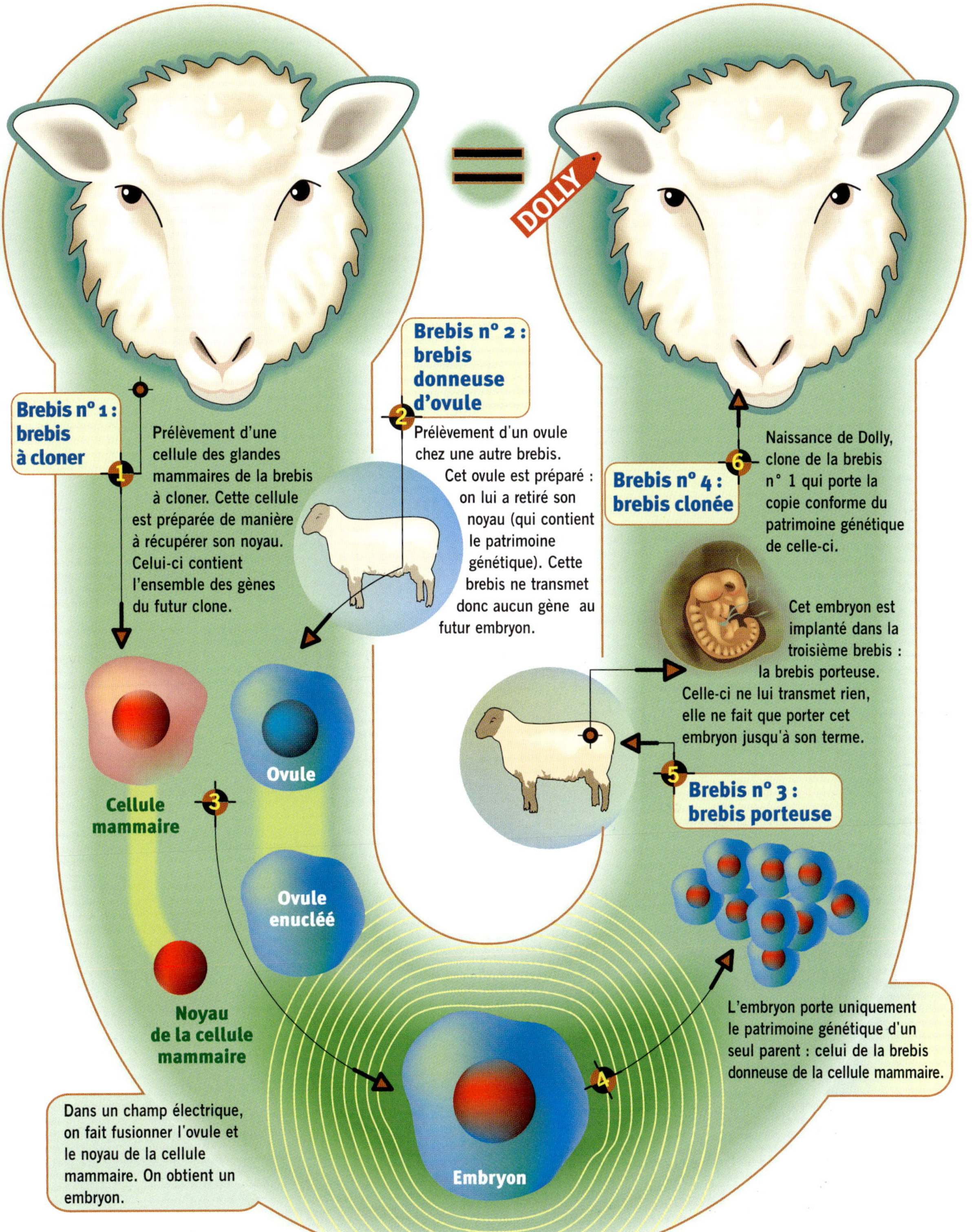

Brebis n° 1 : brebis à cloner
1
Prélèvement d'une cellule des glandes mammaires de la brebis à cloner. Cette cellule est préparée de manière à récupérer son noyau. Celui-ci contient l'ensemble des gènes du futur clone.
Brebis n° 2 : brebis donneuse d'ovule
2
Prélèvement d'un ovule chez une autre brebis.
Cet ovule est préparé : on lui a retiré son noyau (qui contient le patrimoine génétique). Cette brebis ne transmet donc aucun gène au futur embryon.
Cellule mammaire
Ovule
3
Ovule enucléé
Noyau de la cellule mammaire
Dans un champ électrique, on fait fusionner l'ovule et le noyau de la cellule mammaire. On obtient un embryon.
Embryon
4
L'embryon porte uniquement le patrimoine génétique d'un seul parent : celui de la brebis donneuse de la cellule mammaire.
5
Brebis n° 3 : brebis porteuse
Cet embryon est implanté dans la troisième brebis : la brebis porteuse. Celle-ci ne lui transmet rien, elle ne fait que porter cet embryon jusqu'à son terme.
Brebis n° 4 : brebis clonée
6
Naissance de Dolly, clone de la brebis n° 1 qui porte la copie conforme du patrimoine génétique de celle-ci.
DOLLY

Acides aminés : petites molécules qui construisent les protéines. Il en existe 20.

ADN (acide désoxyribonucléique) : molécule géante (macromolécule) formée de l'assemblage linéaire de quatre nucléotides et dont la structure a été élucidée par J. Watson et F. Crick en 1953. C'est le principal composant des chromosomes et le support biochimique des caractères héréditaires.

ADN non codant : il représente la plus grande part de l'ADN (90 %) chez les eucaryotes (hommes ou souris). Il n'intervient pas dans la fabrication des protéines.

Allèles : ce sont toutes les versions possibles d'un même gène qui se rapportent au même caractère.

Anticodon : groupe de trois nucléotides (dont les bases), présent sur une molécule d'ARN de transfert correspondant à un acide aminé.

ARN : acide ribonucléique, macromolécule composée d'une seule chaîne de structure analogue à celle de l'ADN (la thymine étant remplacée par l'uracile).

ARN de transfert : petit brin d'ARN dont l'anticodon sélectionne un acide aminé spécifique pour le ramener vers l'ARN messager.

ARN messager : il s'agit d'une transcription de l'ADN. La séquence de ses codons détermine l'enchaînement spécifique des acides aminés qui constituent une protéine donnée.

Autogreffe : greffe d'un tissu ou d'un organe provenant de l'individu lui-même. Cette technique permet d'éviter les rejets de greffe, qui sont une des grandes difficultés de ces opérations.

Autosome : chromosome non sexuel. Le génome humain en compte 22 paires.

Bases nucléiques (ou adénine (A), guanine (G), cytosine (C), thymine (T) et uracile (T)) : elles sont au nombre de cinq et entrent dans la constitution des acides nucléiques (ARN et d'ADN).

Biotechnologies : méthodes et techniques scientifiques utilisant les organismes vivants ou certains de leurs constituants à des fins pratiques ou de connaissance. Actuellement, les biotechnologies font appel au génie génétique.

Caryotype : représentation classifiée des chromosomes d'une cellule et, par extension, examen visant à établir cette représentation chez une personne pour vérifier que la distribution de ses paires de chromosomes est normale (nombre de chromosomes, aspect microscopique…).

Clone : population de cellules ou d'organismes (bactéries, végétaux, animaux) produite à partir des divisions répétées d'une cellule unique de départ.

Codon : unité du code génétique composée par un groupe de trois nucléotides présent sur une molécule d'ADN ou d'ARN. Un codon traduit un acide aminé précis ou possède une fonction de régulation (exemple : signal de fin de traduction ou codon stop).

Crossing-over : mélange entre deux chromosomes homologues conduisant à un échange de fragments d'ADN. Il entraîne d'importants remaniements du patrimoine génétique.

Diploïde : cellule possédant deux copies de chacun des chromosomes.

Dominant : se dit d'un allèle qui s'exprime sous forme de caractère, même s'il est opposé à un allèle différent du même gène.

Enzyme : ce sont des protéines spécifiques qui participent aux réactions biochimiques de l'organisme.

Éthique : science de la morale, considérée comme un ensemble de règles de bonne conduite. Il s'agit d'une notion très complexe qui, schématiquement, dans le cas de la Science, consiste à faire abstraction des intérêts personnels, financiers, politiques et à se déterminer uniquement en fonction des intérêts de l'Homme en général. Elle est parfaitement illustrée par la phrase : « Science sans conscience n'est que ruine de l'âme » (Pascal).

Eucaryote : il s'agit des organismes constitués d'une ou plusieurs cellules dont le noyau contenant l'ADN est séparé du cytoplasme par une membrane nucléique. Tous les êtres vivants à l'exclusion des bactéries (et des virus) sont des eucaryotes.

Fécondation : union d'un gamète mâle (spermatozoïde) et d'un gamète femelle (ovule ou ovocyte) d'une même espèce aboutissant à la formation d'un œuf.

Gamète : cellule reproductrice sexuée (spermatozïde et ovocyte).

Gène : fragment d'ADN comportant plusieurs milliers de bases représentant une information ou un message génétique. Un gène code pour une protéine.

Génétique : concerne le génome, c'est-à-dire le patrimoine génétique dans son ensemble.

Génie génétique : technologies permettant de modifier l'ADN d'une cellule pour transformer la nature et l'expression des gènes.

Génique : concerne un gène.

Génome : ensemble de toute l'information génétique d'une cellule.

Génotype : réalité génétique d'un individu, c'est-à-dire l'ensemble des allèles qu'il porte, qu'ils s'expriment ou non.

Haploïde : cellule ne possédant qu'une seule copie de l'ensemble des chromosomes.

Hétérozygote : cellule ou individu chez qui un gène particulier est présent sous deux versions d'allèles différentes.

Homozygote : cellule ou individu chez qui un gène particulier est présent sous la même version d'allèle.

Hormone : substance sécrétée par une glande ou un tissu et transportée par la circulation sanguine pour exciter ou bloquer le développement et le fonctionnement des organes.

Information génétique : ensemble des caractères d'un individu ou d'une espèce dont le support est l'ADN.

Ion : petite particule portant une charge électrique positive ou négative (par exemple, les ions sodium Na+ ou les ions chlore Cl-).

Organite : élément de la cellule jouant un rôle particulier pour assurer son fonctionnement (exemple : mitochondries, ribosomes...).

Macromolécule : énorme molécule comme l'ADN, l'ARN et les protéines.

Maladies monogéniques : elles sont dues à une anomalie portée par un seul gène.

Muscle strié : muscle dont la contraction s'effectue sous le contrôle de la volonté.

Mutation : modification soudaine au niveau de la séquence d'ADN transmissible dans le patrimoine héréditaire.

Nucléotides : composants de base des molécules d'ADN et d'ARN formés d'acide phosphorique, d'un sucre et d'une base (A, T, C, G dans le cas de l'ADN et A, U, C, G dans celui de l'ARN).

Phénotype : manifestation apparente du génome dans laquelle les caractères récessifs ne seront exprimés que s'ils sont homozygotes.

Procaryote : il s'agit des organismes unicellulaires comme les bactéries, dont le noyau est dépourvu de membrane et réduit à un seul chromosome (ADN).

Protéine : macromolécule formée d'un enchaînement spécifique de très nombreux acides aminés.

Sélection : elle peut être naturelle ou appliquée par l'homme. Dans le premier cas, elle conduira à la disparition des individus non adaptés aux nouvelles conditions d'environnement. Dans le deuxième, elle débouchera sur des individus (végétaux, animaux) chez lesquels on retrouvera les caractères héréditaires qui intéressent l'homme. À titre d'exemple, la plupart des races de chiens que nous connaissons sont le résultat de longues sélections.

Séquençage de l'ADN : détermination de l'ordre précis dans lequel se suivent les nucléotides de l'ADN.

Séquence : enchaînement ordonné des nucléotides de l'ADN ou de l'ARN, ou des acides aminés des protéines.

Récessif : se dit d'un allèle qui ne sera exprimé sous forme de caractéristiques observables (phénotype) que s'il est homozygote, c'est-à-dire s'il n'est pas opposé à l'allèle dominant du même gène.

Transgénique : bactérie, plante ou animal dans lequel on a incorporé de façon stable des gènes d'un autre organisme et capable de les transmettre à ses descendants.

Vecteurs : il s'agit de transporteurs. Ce sont, selon les cas, des bactéries, des virus ou des microcapsules qui serviront de véhicule à l'information génétique que l'on veut introduire dans une cellule.

Lancé à Évry, dans l'Essonne, en octobre 1998 par le ministre de l'Éducation nationale, de la Recherche et de la Technologie, Claude Allègre, et le ministre de l'Économie, des Finances et de l'Industrie, Dominique Strauss-Kahn, genopole® est un campus de recherche consacré aux Sciences du Vivant.

La vocation de genopole® est de favoriser l'essor d'une nouvelle génération d'industriels, de chercheurs et d'universitaires, français et internationaux, dans le domaine des biotechnologies.

Les enjeux de genopole® sont majeurs. Ils concernent d'abord le développement d'une médecine nouvelle, mais aussi d'une agriculture plus performante et d'un environnement de meilleure qualité.

Développer les connaissances issues de la recherche fondamentale en génétique et en génomique ; accélérer le transfert des découvertes vers les applications industrielles ; favoriser la création de sociétés de biotechnologies ; donner la priorité à la transmission du savoir en associant étroitement le monde universitaire… tels sont les objectifs poursuivis par les acteurs de genopole®.

En moins d'un an, l'ensemble des compétences liées aux biotechnologies converge vers la « Genetic Valley » française. En 1999, plus de 1 300 scientifiques se sont installés sur le campus, autour du Généthon, le laboratoire de l'AFM (Association Française contre les Myopathies), de Génoscope (Centre National de Séquençage), du Centre National de Génotypage et de l'entreprise Genset.

À l'échelle locale, genopole® représente un potentiel de 5 000 emplois nouveaux directs dans la région d'Évry dans les cinq ans qui viennent.

genopole®

Membres fondateurs :
Conseil général de l'Essonne ;
Ville d'Evry ;
AFM (Association Française contre les Myopathies) ;
Conseil régional d'Île-de-France

Partenaires de genopole® :
Ministère de l'Éducation nationale, de la Recherche et de la Technologie ;
Ministère de l'Économie, des Finances et de l'Industrie ;
Préfecture de l'Essonne ;
Chambre de Commerce et d'Industrie de l'Essonne ;
Syndicat d'Agglomération Nouvelle d'Évry ;
Établissement Public d'Évry ;
Université d'Évry Val-d'Essonne ;
Institut National des Télécommunications

genopole®
Arnaud Molinié, directeur de la communication
2, rue Gaston Crémieux – CP 5723 – 91 057 ÉVRY CEDEX
Tél. : 01 60 87 83 00 – Fax : 01 60 87 83 01 – E-mail : a.molinie@genopole.com
Internet : http://www.genopole.com